LE BOVQVET ANATOMIQVE

Où sont denommees toutes les parties du corps humain, & le lieu de leur situation, soient os, veines, muscles, tendons, arteres, nerfs, parties nobles, parties genitales, mesme le coït de l'homme & la femme.

Par GABRIEL GERBERON, *Vendosmois.*

A PARIS,

Chez NICOLAS ROVSSET, au Palais, dans la grand Salle.

tiré du corps hu... & inuentions, ainsi qu'il se ramarque en l'Architecture, Peinture & Mathematiques, & specialement en la Chirurgie: Car

A ij

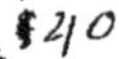

A MONSIEVR

MONSIEVR HEROARD

SEIGNEVR DE VAVGRIGNEVSE, CONSEILLER du Roy en ſon Conſeil d'Eſtat, & ſon premier Medecin.

MONSIEVR,

Si l'on eſtime les ſciences pour la dignité & nobleſſe de leur ſubject, il eſt tres-certain qu'entre toutes les ſciences des choſes naturelles, celle du corps humain eſt la plus noble, puis que l'homme eſt le plus parfaict de tous les animaux, en ce que le corps de l'homme ſeruant à vne ame immortelle, eſt le plus accomply: Comme il ſe peut recognoiſtre en ſa droicte ſtructure, en la beauté de ſon viſage, & en l'admirable compoſition des autres parties. Et d'autant que la cognoiſſance du corps humain eſt la plus noble, d'autāt eſt elle plus vtile & neceſſaire, je ne diray ſeulement à la Medecine, mais à la cognoiſſance de Dieu (puis que le corps eſt le liure de Dieu) de nous meſmes, bref à toutes ſciences & arts, la pluſpart deſquels ont tiré du corps humain leurs principes & inuentions, & ainſi qu'il ſe ramarque en l'Architecture, Peinture & Mathematiques, & ſpecialement en la Chirurgie: Car tout ainsi que celuy qui veut refaire vne maison doit par necessité cognoistre les parties du bastiment, de mesme le Chirurgien voulant rejoindre les parties des-vnies, oster les superfluës, separer les conioinctes, & adiouster s'il y a moyen celles qui manquent, doit parfaictement cognoistre les parties du corps humain: Autrement il seroit semblable à ceux qui aueugles, ou clos dans vne lictiere, font quelque grand voyage, car comme ceux là tombent facilement en quelque precipice, & ceux-cy ne recognoissent les lieux par où ils passent, ainsi le Chirurgien aueugle en l'Anatomie, & enclos dans la lictiere d'ignorance des parties, tombera aysément en des erreurs autant dommageables à la santé qu'à la vie, couppant quelquefois vne artere pour vne veine, taillant vn nerf dont le sentiment sera osté à la partie. Ce qui m'a stimulé de curieusement rechercher, soit assistant aux dissections, soit fueilletant les sacrez cahiers des plus celebres Autheurs, pour m'acquerir cette cognoissance, laquelle je ne veux celer, puis qu'il faut que chacun serue la Republique de son mestier, ains soubs vostre authorité, faire part au public, & specialement aux ieunes Chirurgiens du talent qu'il a pleu à Dieu me departir en ce *Bouquet Anatomique historié de toutes les parties du corps humain*, que ie vous presente comme premiers fruicts de mon labeur, estimant que vous estes celuy à qui je les doibs presenter plus, comme je desire pour vous rendre compte de mon loisir, que pour opinion que j'eusse que ce feust chose digne de vos merites.

La matiere en seroit certainement bien digne, si

elle estoit aussi delicatement elaboree, comme de soy elle est riche & precieuse. Car les anciens qui ont gouuerné la plus tendre adolescence de la Medecine, se sont aussi soigneusement employez à l'instruction Anatomique qu'à nulle autre partie, iugeant qu'il estoit necessaire d'auoir vne exacte cognoissance du corps humain pour en desarceler les maladies qui iour & nuict l'attaquent & cheuallent. Ie n'ignore pas que plusieurs anciens & modernes n'ayent labouré en mesme champ deuant & mieux que moy. Quand à ce qui est du mien, qui n'est que la disposition des paroles, je le vous presente, comme Apelles & Policlete faisoient leurs tableaux, le pinceau & le cizeau encores à la main, prest à reformer tout ce qu'vn plus delié iugement que le mien trouuera à redire, ne voulant tenir la besongne pour acheuee, que quand elle plaira à tous ceux qui sont capables d'en iuger, armé de cette bõne & forte opiniõ, que si quelqu'vn la veut calõnier pour n'estre si bien polie que vous & les beaux esprits de ce siecle meritez. Quand premierement ils sçauront que c'est vn ieune Chirurgien, qui iusques à ce iour n'a pas eu beaucoup de soing à suiure la poësie: Secondement que le fidelle discours de ce Liuret, composé de belles pieces mal cousues és termes de l'Art, qui, bien que rudes, ne se peuuent changer sans confusion ou contradiction de discours. Tiercement que je les addresse à vn docte Medecin & vertueux personnage qui les sçaura bien aduoüer & bien deffendre, ils retireront aussi promptement le venin de leur langue, que le limaçon retire vistement ses cornes quand il sent esbrã.

ler le lieu où il se pourmeine. Receuez donc, MONSIEVR ces petits enfançons qui se presentent à vous comme à leur pere grand, de la part de celuy qui les a conseruez pour les vous dédier, vous priant me tant fauoriser que de balancer & accepter plustost le subjet que le beau langage, prenant ma bonne volonté pour satisfaction. Si j'ay cette grace de vous, j'auray acquis le plus precieux honneur où mon ambition aspire, qui est d'estre cogneu fort aymer ma profession. Que si vous prenez plaisir tant soit peu aux fleurons bigarrez de ce petit boucquet, j'espere que vous n'en receurez pas moins cy apres d'autres œuures que le souuerain Architecteur inspirera en mon fragile esprit. Outre l'obligation que je vous auray de l'auoir fauorablement receu & recueilly: beaucoup d'honnestes gens qui font demonstration d'aymer & cherir ce peu qui sort de ma main, vous en donneront aussi le gré, comme estant cause que mes veilles ambitieuses, & amoureuses de ma vaccation, se tenant à l'abry de vostre ombre, ores que mal parees, se mettent en lumiere: Pour tesmoigner à tout le monde que vostre bonté & douceur me font esperer que vous ne mespriserez ces premiers fruicts, bien qu'indigne de vos merites, sortans de la main de celuy qui ne peut dauantage,

Nam mea diuitas tantas non continet arca
Versibus vt possim scribere digna tui,

me confiant que vous pardonnerez aysément à l'ambitieuse temerité de celuy qui desire faire paroistre la singuliere affection qu'il a de demeurer toute sa vie,

MONSIEVR,

Vostre affectionné seruiteur,
GABRIEL GERBERON,
Chirurgien.

D. DOMINO ANTONIO CHAMPION, Doct. Med. Sancarilephico.

CARMEN.

SI mihi sint cordi diuini Chironis artes,
Cur ego non bifidi culmen adibo iugi?
Cur non tentabo Clarios gustare liquores
Vt possim plena fauce leuare sitim?
Vindocinensis honos Ronsardus conditus antro
In cineres versus prebuit ipse viam,
Cuius imago mihi quærenti pallida dixit,
Nocte hac, & tales protulit ore sonos,
Tu qui Parnassi rupes, & flumina quæris,
Vt resones paribus carmina grata modis,
Musarúmque cupis sacros decerpere fructus,
Sub que mei legem carminis ire cupis
Sis animo forti, dictis mordacibus obsta,
Nisu pro toto, ne videare leuis,
Dicitur in vulgus tractant fabrilia fabri,
Chirurgus corpus dissecat arte sua,
Niteris in partes sectum describere corpus,
Vt videant homines omne quod intus habent,
Iam tibi Phœbæa cingentur tempora lauro
Si librum soluas dexteritate tua
Quem probat Antonius Medicus nunc alter Apollo
Champion, & tuto proteget auspicio,
Censor erit, iudexque tui ratione laboris,
Champion à Phœbo cognitus arte satis,
Hunc peramat Phœbus morbos dum corpore pellit,
Infirmosq; artus arte iuuare potest,
Talia narrando Ronsardus lumine fulgens
Discessit subito sidera summa petens,
Et dixit fugiens Gabriel, perge laborem
Pro serto Phœbus laurea serta dabit,
Chirurgis sociis fructum concede laboris
Queis nihil vtilius Gallica musa canit.

G. G. Ch. Sancarilephicus.

AV SIEVR GERBERON, SVR SON ŒVVRE.

SONNET.

C'EST auecque tant d'art, Gerberon, & doctrine,
Qu'en ce liure tu as descrit le corps mortel,
Que nul si d'auanture, il n'estoit immortel,
Encore faudroit-il qu'il eust en sa poictrine

Le cœur du Delien, ou la fontaine Ascrine,
Ne pourroit faire mieux : bref ton renom est tel
Que les mortels te vont ia dressant vn Autel,
Pour guerdon d'auoir faict vne œuure si diuine.

Mais qui n'aura non plus que le bruit de tes vers,
De bornes que ceux-là de ce grand Vniuers,
Ne feins donc, Gerberon, de pousser ton courage,

A faire voir aux yeux du public cét ouurage,
Car en dépit de tous tes enuieux peruers,
Tu le verras au port, sans hazard du naufrage.

RENÉ DE RONSARD,
Gentil-homme Vendosmois.

AD DOMINVM G. GERBERONVM artis Chironiæ peritissimum, humani corporis Anatomiæ Sertum Poëticum in lucem editurum Elegia.

IMberbis Medicinæ auctor cælatus Apollo,
Dicitur in cascis sacrum anathema tholis:
Non tamen ille minus miranda oracula cunctis
Olim consultus plebe stupente dabat.
Vix te vernanti tenera lanugine vultu,
Discipulus Phœbi carmina mira canis:
Mira canis Lauro necnon dignissima Cedro,
Queis, ô plebs, stupeas tu quoque vulgus iners,
Esto, stupeto, tamen noli iuuenilia tanti
Dente Theonino rodere prima viri.
Si punctum omne tulit qui miscuit vtile dulci,
Ferre omne hunc punctum nemo negare potest.
Dulce canit carmen donaturum vtile cunctis
Lecturis, absit si modo liuor edax.
Tabificum procul hinc ergo deferto venenum
Zoile, progenies horrida Thisiphones.
At tu Gerberone nouem cui turba sororum
Bellerophonteis ora rigauit aquis,
Si tibi lingua procax vulgi, si dextera Momi
Spicula vipereo tincta cruore iacet,
Macte animo, ac magnis noli desistere cæptis,
Legitima in solo fine corona datur.
Ne cede inuidiæ, sed contra audentior esto,
Suscipiet partes Gallus Apollo tuas:
Arte Machaoniâ prælucens Gallus Apollo,
Gallus Galenus, Gallus & Hypocrates,
Ille Heroardus Gallis clarissimus Heros,
Cui regni & Regis credita tota salus.

Cui ſeſe totum indulſit Grinæus Apollo,
Expertum & Medicum cum melico eſſe dedit.
Ille, inquam, facilis dextram tibi porriget vltro
Nec timidum tepido te ſinet ire metu.
Te niueis altè ſubuectum ad ſydera pennis,
Mnemoſynes ſtatuet conſpicuum ante pedes.
Ac ſine nube ſupercilij tua carmina voluet,
Proque tuo ſerto Laurea ſerta dabit.
Serta dabit ſacros Hæmi libata per hortos,
Quæ tua circumeant tempora temporibus
Omnibus intemeranda : micantem ſplendida ad arcton
Dum ſtabit Paphiæ torta corola Deæ.
Carmina ne dubites igitur committere prælo,
Crede mihi tantum fama ſequetur opus.
Hactenus articuli calamum tenuere labentem,
Scribere plura negat dira Chiragra. Vale.

IOANNES FORTINVS, Vindocinenſis,
Karilephopoli in ſolo Vindocinenſi
VI. Id Febr. CIƆ.IƆ.C.XXVI.

AV COVSIN G. GERBERON, CHIrurgien, ſur ſon Bouquet Anatomique.

QVATRAIN.

LE Burin peut grauer les traicts de ton viſage,
Et le docte pinceau ton pourtraict crayonner,
Mais les vers que tu fais ſi hautement ſonner,
Donnent de ton eſprit vn ample teſmoignage.

IEAN GERBERON, Apoticaire de S. Callais.

A MONSIEVR GERBERON, M. Chirurgien en la ville de S. Callais, sur son Bouquet Anatomique.

SONNET.

D'Vn sublime subiect, chef d'œuure de nature,
Minerue t'esclairant d'vn tres-brillant flambeau,
Tu trace industrieux, le dessein d'vn tableau
Inuenté d'Apollon, d'Esculape, & Mercure.

De faict l'Anatomie est vne pourtraicture,
Qui represente au vif le difforme, & le beau,
Le grand, & le petit, & met tout au niueau,
Riches, pauures, sçauans, d'vne seule figure:

Sus donc, Muse au doux stil, d'vne voix esclatante
Embouche le cor d'or dont Renommée chante,
Pour publier l'honneur deu à ce Gerberon.

Qui d'vn stil si hautain nos aureilles enchante,
En sçauoir, en vsage, & pratique frequente,
Que l'immortalité bornera son renom.

LOVYS LE GAC, Peintre à S. Callais.

LIVRE PREMIER DV BOVQVET ANATOMIQVE de Gabriel Gerberon Chirurgien Vendosmois.

FLEVRON PREMIER.

De l'Excellence de l'Homme.

SI vous eustes iamais, ô troupe Pieride,
Desir de me donner de l'onde Pegaside,
Si vous auez daigné iamais me departir
Quelque peu de faueur, faicte la moy sentir,
Permettant à ce coup que ie puise & ie prenne
Selon ma volonté des liqueurs d'Hypocrene,
Que ie boiue à present és Cabalins ruisseaux,
Sauourant doucement les Castalides eaux,
Afin, neufuain troupeau, de pouuoir dire en somme
Les membres dont est faict le noble corps de l'homme,
De l'Ame le fourreau, qui enrichist ce corps,
D'actions & vertus, soit dedans soit dehors:
Je sçay bien que l'Esprit à la Muse contraire,
Qui rampe tousiours bas auecque le vulgaire,
La cadence des vers a du tout à mespris,
Son train ne pouuant pas estre de luy compris:
Un bon Peintre voudroit que sa peinture viue

Feust veuë de ceux-là de qui la perspectiue
Sçait iuger des couleurs tout ainsi comme il faut,
Et des proportions remarquer le deffaut.
A ceux-là donc qui sont d'vne ame nette & pure,
Et qui sont nez icy d'vne bonne nature,
Qui du vulgaire bas retirent leurs esprits,
A ceux-là volontiers ie voue mes escrits:
Puisque l'aage, le temps, la saison, & l'enuie,
Qui rechauffe mon cœur, à chanter me conuie,
Ie veux ores chanter, & en mille façons
Degoiser de ce corps mille & mille chansons.

L'Ame est le vray pourtraict de l'essence Diuine,
C'est ce tout qui en tout chacune part domine,
Qui anime du corps chaque part pour donner
La propre faculté qu'elle y veut ordonner,
Indiuisible en soy, crée, immaterielle,
Sans alteration, inuisible, immortelle,
C'est la forme du corps, qui donne sentiment
Esprit, vie, chaleur, & qui diuinement
Entretient nostre corps sa part inferieure,
Son logis, son hostel, sa case, sa demeure,
Sa gaine, sa prison, sa geole, son estuit,
Son domicile esleu pour manoir iour & nuict:
Demeure! qui me faict admirer la puissance
Du Souuerain moteur en ses œuures immense,
Car il a racourcy dedans ce petit corps
Les plus rares ioyaux des supernes tresors:
Luy a voulu donner vne droicte figure
Pour humble contempler sa finale demeure,

Illustrer l'a voulu des flammeches des cieux,
L'a voulu decorer de traicts fort gracieux,
Amoindrissant un peu sa nature de l'Ange,
L'a couronné d'honneur, de gloire, & de louange,
Luy a donné pouuoir sur les peuples des eaux,
Bestes à quatre pieds, & voltigeans oyseaux,
De ses commandemens luy donnant le registre,
Luy laissant toutesfois son liberal arbitre.
C'est un vray racourcy de ce grand Vniuers,
Puis qu'on y void le Ciel, l'Air, la Terre, & les Mers.
Les mouuements des cieux, les astres, & encores
Les tonnerres grondans, & autres meteores,
De tout ce qu'est compris sous ce lambris vouté
Dedans ce petit corps l'epitome est bouté.
Le Mobile premier meut sans intercadence
Tous les cieux estoillez au train de sa cadence
Soit le iour soit la nuict, & par son mouuement
Il espure tousiours le courbé firmament.
Le Soleil est le cœur de la machine ronde.
Le cœur est le Soleil de l'abregé du monde;
Tous astres du Soleil tirent force, & vigueur,
Tous membres puisent vie en la source du cœur,
Car ainsi que Phœbus en faisant sa carriere,
Nous donne tous les iours sa brillante lumiere,
Et tournant tout autour de ce rond spacieux,
Fomente par chaleur ce qu'embrassent les cieux,
Viuifiant ce qu'est sous la voute azurée,
Par un secret effect de sa tresse dorée:
Ainsi le cœur moteur par son doux mouuement
Viuifie le corps assiduellement,

Engendre les esprits, que nature prouide,
Aux membres esloignez par les arteres guide.
L'on remarque souuent que l'humide cerueau
Se laisse gouuerner du nocturnal flambeau,
Soit en blanche couleur, soit en la Sympathie
Qu'il obserue tousiours de l'astre de Cynthye.
N'est-il pas tres-certain que Mercure facond
Es membres du parler ne veut point de second.
Du bien-faisant Iupin l'influence agreable,
Vers la source du sang se monstre fauorable:
Mais qui ne cognoistra que de Mars furieux
Dans la bourse du fiel sont les flammes & feux?
Que la rate est le banc de Saturne l'impie,
Fort bien representé par ceste chair flestrie?
Qu'aux membres dediez à generation
Cyprine veut auoir sa domination?
Que Castor, & Pollux tesmoignent la bonasse,
Es yeux, astres bessons, resserenans la face.
Quoy plus? ne void-on pas si ie suis bien recors,
Tous les quatre elements dedans ce petit corps
Conioinctement liez pour donner nourriture
Selon leurs qualitez à ceste creature?
Ces simples elements sont ces belles humeurs
Qui fomentent le corps de leurs bonnes liqueurs,
Le feu chaud & leger, gouuerne la colere,
Iaune pasle en couleur, & de saueur amere:
L'air suaue & benin, regist le rouge sang,
Qui par conduicts veineux és membres se respand:
L'Aquatiq element par eslite preside
Au phlegme tousiours blanc, de saueur insipide:

L'aigre Melancolie au solide element
Correspond d'espaisseur, & de temperament:
Ceste masse ne peut, sans estre euentillee
Des esprits subsister, & d'iceux resueillee,
L'Esprit corps etheré, subtil, mouuant, & pur,
Est engendré de sang & subtile vapeur,
Porté par les vaisseaux dans lesquels il habite,
Nous eschauffe, nous meut, viuifie, & agite.
Ne void-on pas aussi les meteores diuers
Dedans le racourcy de ce grand vniuers?
Es yeux on apperçoit la cataracte dure,
Dedans les intestins le vent & le murmure,
Le calcul és roignons tient rang de mineral
Estoupant quelquesfois le conduit vrinal.
Puis donc qu'il est ainsi que l'homme, petit monde,
Tient en soy renfermé le ciel, la terre, & l'onde,
Les astres, animaux, & tout ce qu'est compris
Dans le celeste enclos de ce vaste pourpris,
Celuy-la iouyra d'vne belle science,
Qui de son corps aura parfaicte congnoissance,
Sans doute il sçaura tout & n'ignorera rien,
Tant de ce qu'est és cieux qu'au globe terrien:
Humble il recognoistra qu'vn Dieu luy dõne l'estre
L'entendre, le mouuoir, le sentir, & le croistre,
Apprendra qu'il entend auec les Cherubins,
Anges, Principautez, Vertus & Seraphins,
Qu'il a des animaux la vertu sensitiue,
Que des plantes il a l'humeur vegetatiue.
Mais que diray-ie plus? que diray-ie en ce lieu?
Sinon que par ce corps ie recognois vn Dieu?

Un Dieu en Trinité puisque i'y voy empreinte
D'vn Dieu en Trinité l'effigie tres-saincte.
Effigie pour vray où il a mis son sceau
Dans le cœur, dans le foye, & dedans le cerueau:
Car comme dict saint Paul, par les choses visibles
Cognoistre nous pouuons les choses inuisibles,
Le corps humain n'est qu'vn quand à l'indiuidu,
Dieu n'est qu'vn comme Dieu sans estre confondu:
Dedans le corps humain sont trois nobles parties
Dont toutes les vertus sont ailleurs esparties
D'esgale dignité, ne pouuant designer
A laquelle des trois i'en dois plus assigner,
En Dieu tout est esgal, ceste essence toute vne
Est au Pere, & au Fils, & sainct Esprit commune:
Qui priuera le corps du cœur ou du cerueau
Ne l'enuoira-il pas tout soudain au tumbeau?
Car si l'vne des trois de ce corps on sequestre
L'Indiuidu ne peut subsister en son estre.
Celuy qui ne cognoist en Dieu la Trinité
Des personnes, n'y peut trouuer de Deité.
Dans l'humide cerueau les puissances de l'Ame
Font plus qu'en autre part elucider leur flame,
Au Pere tout puissant la puissance appartient
Car sur tous atribus la puissance il retient:
La sagesse du cœur tire son origine,
Le Fils Dieu n'est-il pas la sagesse Diuine
Qui conserue, & regist par sa saincte bonté
Tout ce vaste Vniuers selon sa volonté?
L'Amour ne prend-il pas sa source dans le foye
Qu'il esmeut aussi tost d'vne indicible ioye?

Quand l'Esprit tousiours Sainct vient embraser nos cœurs
Ne resentons nous pas de nouuelles vigueurs ?
Puis donc que par ce corps on cognoist vne essence
En Dieu, faut l'adorer en toute reuerence:
Et que par iceluy trois personnes en Dieu
Distinctes l'on cognoist sans espace, ny lieu,
Joinct aussi que la foy telle chose tesmoigne
Arrestons nous aux poincts que le Symbole enseigne
Sans parler plus auant d'vn mystere si haut,
N'imitons pas celuy qui d'vn horrible saut
Voulut eterniser par vne cheute estrange
Le funeste renom de sa triste louange:
Moderant donc mes pas ie reuiens au suiect
Que i'auois delaissé d'vn si long entreiect.

Comme l'Ame ne peut dans le corps enserrée
Sans organe accomplir la chose desirée
De mesme on doit du corps la fabrique sçauoir,
Si de l'Ame l'on veut quelque notice auoir,
L'on aprend aysément de ce corps la structure
Fueilletans les cayers de la sage nature,
Assistans aux leçons, ou clairement on void
Dissequer les corps morts, & à l'œil, & au doigt,
D'vn ordre non confus, ains sur tout methodique,
Suyuant les vrays canons de l'art Anatomique,
Qu'il faut bien practiquer, autrement on verroit
Quelle confusion sans regle arriueroit.

Or comme au verd Printemps la bourdonnante auette
Soigneuse va cherchant l'humidité doucette,
Et volant parmy l'air de ces deux aislerons

Picore çà & là les odorans fleurons,
Afin de remporter dans sa ruchette creuse
Son dos tout esmaillé de liqueur doucereuse:
Tout ainsi ie ne veux laisser passer en vain
Le temps sans exercer ou l'esprit ou la main,
Pour empescher tousiours que ma tendre ieunesse
Croupisse dans l'ossec bourbeux de la paresse,
Mais trauaille tousiours ne voulant casanier
Laisser couler sans fruict cét aage printannier.
Et d'autant qu'en son sein la belle Chirurgie
Doit ioncher les bouquets sacrez d'Anatomie
Aux parterres cueillis de ce iardin humain
D'vn art industrieux, & delicate main,
Non tant pour se parer que par necessité,
Je luy veux faire honneur d'vn bouquet merité
D'Anatomie qu'est artiste section
Des parties du corps sans laceration.
Que le Chirurgien sur tous doit bien apprendre,
Pour sans fraude en son art tres-habile se rendre:
Car comme le Nocher en haute mer cinglant,
Couuert d'obscure nuict chasse-poussé du vent,
Succombe sous le faix du furieux Eole,
S'il n'est bien asseuré d'aiguille, & de Boussole,
Sans lesquelles ne peut arriuer à bon port
Sinon à la faueur inconstante du sort:
De mesme on void souuent le Chirurgic Alcide
Qui n'a l'Anatomie artiste pour sa guide,
Voguant dans l'Ocean des parties du corps,
Errer en operant souuent mal à propos,
Si ce n'est par hazard au but où il aspire,

Iamais ne paruiendra tout ainsi qu'il desire.
La partie est vn corps coherent à son tout,
Viuant, par vie vni, pour l'vsage du tout.
Que l'on peut diuiser en simple Similaire
Et membre composé nommé Dissimulaire:
On doit de chaque part la nature garder,
Contempler l'action, l'vsage regarder,
Voir la position rechercher la structure,
Substance, Temperie, & nombre & la figure.
Des Os, Arteres, Nerfs, Veines, & Filamens,
Cartilages, Chairs, Cuir, Membranes, Ligamens,
Nous titrons le discours, bien qu'assez difficile
Pour soulager vn peu la memoire labile
Auant que s'embarquer és membres composez,
Qui seront cy-apres en leur ordre exposez.

FLEVRON II.

DES OS.

C'Est vn membre que l'Os le plus dur en substance.
Qui soit au corps humain, spermatique en essence,
Froid & sec, & formé pour soustenir le corps
Qui sans os n'eust esté rien qu'vn confus cahos:

Les os sont engendrez de la part la plus grosse,
De semence qui soit en la matrice enclose
Par chaleur condensée, ainsi que dans un four
La brique s'endurcist pour bastir une tour,
  Or de mesme qu'on void qu'vn grand seigneur fort riche
Voulant faire bastir un Pallais ou Portiche,
L'orne de pied en cap, l'enrichist de pilliers,
De poutres, solimeaux, d'arcsboutans à milliers,
Le munist tout autour d'une forte muraille
De peur que l'ennemy à l'impourueu n'y aille,
Ou de peur que tombant sans soustien & appuy
Le priuant de son bien, ne le comble d'ennuy:
Ainsi le Createur de la machine ronde,
Formant pour son plaisir le racourçy du monde,
N'a voulu d'vn seul os d'une enorme grandeur
Mais de plusieurs diuers en façon, & rondeur,
Orner le corps humain: afin de satisfaire
Aux fortes actions qui ne se peuuent faire
Sans diuersité d'os: dont le nombre est complet
Au nombre de deux cens, & de quarante sept,
Soixante pour le chef ie mets en vn partage
Soixante deux le tronc aura pour apennage,
Six vingts quatr' os je mets pour les extremitez
Qui seront de rechef lotis & limitez:
  Le Crane hault monté en huict os se diuise
Par sutures de peur qu'vn pour l'autre patisse,
Et afin de laisser exhaler les vapeurs
Qui pourroient accabler le cerueau de douleurs,
  Le premier qui paroist en cette citadelle
Large, formant le front, le Coronal s'appelle

Qui comme colonnel veut preseruer du mal
Le siége & magasin de l'esprit animal:
Puis est l'Occipital campé vers le derriere
Pour seruir au cerueau d'une forte barriere
Destournant alenuy l'ennemy qui voudroit
Attenter à son Roy preuaricant le droict:
Les deux Parietaux à dextre & à senestre
Fidelles defenseurs paroissent de leur maistre:
L'Ethmoide au cerueau prepare les odeurs,
Et le repurge aussi d'excremens, & feteurs,
Il faut considerer encor vne merueille
Des trois os contenus au conduit de l'aureille
Pour empescher que l'air ou le son vehement
N'apportast au cerueau quelque peine ou tourmēt,
Trois de chaque costé comme gardes fidelles
Luy seruent au besoin de bonnes sentinelles
L'enclume, le maillet, le tiers est l'estrier
Tout proche du tambour pour les sons retrier:
La Machoire d'enhaut de treize os est parfaicte,
Et celle là d'embas d'vn seul est souuent faite,
Le hault, bas, & moyen, tous trois du nom Jugal,
Trois en chaque costé le nombre en est egal,
Qui forment les anglets, & le bas de l'orbite,
En la iouë le tiers faict la pomme petite,
Trois os qui font le nez, deux qui tiennent les dents,
Deux qui font le palais qui paroissent dedans.
Maintenant faut parler de cette republique
Propre au gouuernement d'vn estat politique,
Ces dents (dans vn palais ainsi que Senateurs
Assis dedans leurs bancs ou bien quelques Censeurs

Qui pour deliberer de quelque bon affaire,
Chacun selon son rang dict ce qu'on a de faire)
Paroissent en leurs bancs en deux rangs agencez,
Que la sage Nature egaux a compassez.
Claires comme la perle, & blanches comme yuoire,
Elles sont trente deux, seize en chaque machoire:
Huict tranchantes y a pour decoupper le pain
Qui de nostre estomac doit dechasser la faim:
Les canines aupres debrisent, & fracassent
Le trop dur qu'en apres les molaires remaschent:
Ces vingt molaires cy nous seruent à broyer
Ce que dans l'estomac nous voulons enuoyer:
Toutes seruent aussi pour former la parole,
Mises chacune à part dedans leur Alueole.
L'Hyoyde bossu sous la langue caché
Dans la gorge est bien fort de muscles attaché:
  Or quant aux os du tronc les vns à la poictrine,
Les autres sont reduits au canal de l'espine,
Canal! qui est basty de tant d'os raboteux
En dehors, & dedans lissez, polis, & creux:
Des vertebres du corps trois fois dix est le nombre,
Qui seruent l'animant de peur que quelque encōbre
N'offençast par hazard la mouëlle du dos
Recluse de son long dans ces sombres cachots,
Au col y en a sept, douze au dos, cinq aux lumbes
Et six à l'os sacré plus amples que des lumbes:
Au bout de l'os sacré pendent du cropion
Les quatre petits os conjoints par union.
  La poictrine en apres est vraye forteresse
Où le cœur est assis sans aucune detresse,

Et les Poulmons aussi qui temperent le vent
Par eux au cœur tiré, & respiré souuent:
Or de vingt neuf os le Thorax en sa cage
Est loti, pour garder le vital heritage,
Renfermé de deux clefs en haut, & le Brechet
En deuant & en bas garde le cabinet,
Les costes aux costez sont tousiours vingt & quatre
En arc demy courbé, dont en a dix & quatre,
Qui desirent iouyr d'vn tiltre serieux,
Les dix autres d'vn faux mensonger ou mendeux.
Remontons aux deux bras & voyons l'Omoplate
Espineuse dehors, triangulaire, & plate;
L'Adiutoire fort grand qui de leste façon
Par Ginglime se lie au coude & au rayon,
Au coude & au rayon associez ensemble
Le long de l'auantbras ainsi comme il me semble.
Au Carpe nous comptons huict petits osselets,
Qui ioints ensemble font les delicats poignets,
Au Metacarpe quatre, aux cinq doigts en a quinze
Chaque doigt en a trois, dont la main est comprinze
Les iambes puis apres qui seruent de soustien,
Et d'appuy sousteuant cét homme terrien,
Ne meritent l'oubly, mais la claire lumiere,
Pour seruir l'animant d'vne telle maniere
Qu'à peine pourroit-il cheminer nullement
Sans le benin support de ce double instrument,
Le Tres-ample premier en trois os se diuise,
Le Femur gros & long se cache dans la cuisse,
La Rotule posee au genouil par deuant
L'empesche de glisser & fleschir en auant,

Dans la jambe deux os, l'vn & l'autre focile
Rendent le cheminer plus commode & facile,
Le grand est au deuant, l'autre au derriere est mis
Et neantmoins tousiours compagnons & amis.
Vingt six os le pied veut auoir, dont le Tarse
En veut sept pour sa part, & cinq le Metatarse,
Au Tarse sont subiets l'Astragal & Celuy
Qui formant le talon sert aux autres d'appuy,
Proche de celuy-cy le Naual Scaphoyde,
Accompagne tousiours le greslé Cuboide,
Et trois autres sans nom: quatorze les orteils
Desirent posseder afin d'estre pareils,
Excepté les deux gros, qui ne veulent admettre
Que deux os pour chacun, les autres veulent estre
Esgaux, tous renforcez des os qui de la graine
De Sesame qui est & ronde & plate & plaine,
Ont deriué leur nom, leur nombre est incertain,
Tant de ceux là du pied que de ceux de la main.

ADVERTISSEMENT AV LECTEVR.

Ie n'ay voulu raconter la difference des os, attendu que c'est vne chose trop ennuyeuse & fort difficile à mettre en vers sans confusion, & pour cette fin je prieray le Lecteur d'auoir recours à l'inspection oculaire du Schelete, comme aussi pour les Apophises & Epiphises.

FLEVRON III.

DES IOINCTVRES.

Mais d'autant que les os sans aucune ioincture
Sembleroient à nos sens sans profit à nature,
Immobiles du tout, sans pouuoir nullemen
Faire leurs fonctions auecque mouuement,
Dieu cil qui tout forma les conioignit ensemble
De peur que ne tombant chacun ne se dessemble
Qui deça qui delà se iettant à l'escart,
Celuy-cy d'vn costé, celuy-là d'autre part.
Or cette liaison en deux façons est faite,
La lasche par Arthron, par Symphise l'estroicte,
La Symphise se faict par continuité,
L'Articulation par contiguité.
L'Artrose se diuise en belle Diartrose
Subdiuisee encor, & en la Sinartrose:
La Diartrose veut d'vn libre mouuement
Ses liens manier assez apparemment,
Triple espece elle faict ainsi comme i'estime,
L'Enartrose, Atrodie, & aussi la Gimglim
L'Enartrose qu'on dict emboiteure, se veoit
Lors qu'vne cauité fort profonde reçoit
Vne teste esleuee, en la façon & guise
Que la hanche reçoit la teste de la cuisse.
Lors qu'vne cauité fort petite reçoit,

Une teste applanie, & deprimee on doit
Ceste conionction appeller Atrodie,
Comme du Paleron & d'Vlna quoy qu'on die.
L'Enclaueure ou Ginglime est faicte quand les os
En façon de pouli se ioignent dos à dos
Bout à bout seulement, comme il nous est notoire
Des fociles du bras & de l'os Adiutoire:
Elle se faict aussi quand d'vn mesme costé
Y a vne eminence & vne cauité,
La cauité reçoit, l'eminence est receuë,
Tres-noble liaison des vertebres cogneuë.
Synartrose ne veut qu'vn mouuement obscur,
Latitant, & caché, & plus que l'autre dur,
Ou point presque du tout, dont y a triple espece
La Suture, Gomphose, Armonie est la tierce.
Comme dents de sciot la Suture paroist,
Afin de laisser mieux exhaler hors du test
Les fascheuses vapeurs, soit par la Coronale,
Lambdoide, Escaillee, ou par la Sagitale.
La Gomphose se faict quand l'os ainsi qu'vn clou
Est mis & affiché dextrement en son trou,
Cette coionction aux dents peculiere
Les agence fort bien és trous de la machoire.
Quand d'vne ligne on void les os bien ioinctemēt
Estre mis & posez vis à vis seulement,
Comme ceux là du nez & ceux de la machoire,
Armonie se dict vne telle maniere.
Symphise est vnion naturelle des os,
Par laquelle deux os vnis sont faits vn os,
L'vnion sans moyen absolument est faite,

Ou bien par trois moyens accomplie & parfaicte,
Sçauoir par ligament, cartilage, ou par chair,
Afin de se pouuoir vnir & accrocher,
S'elle se faict par chair c'est vne Sissarcose,
Par cartilage c'est vrayment la Syncondrose,
Si c'est par ligament Syndesmose ell' a nom,
Voila les liaisons qui sont plus de renom.

FLEVRON IIII.

DES CARTILAGES.

APres vn bref discours des os & des ioinctures,
Je veux traicter icy les parties plus dures
Qui retiennent des os la froide qualité,
La blanchastre couleur, & molle siccité,
Des cartilages mols i'expliqueray la liste,
Les membranes de près ensuiueront la piste,
Commençant donc en haut és paupieres des yeux
J'en trouue en chacune vne, affin de serrer mieux
La closture des yeux, & pour seruir de marge
Aux petits Cils fichez en chaque cartilage,
En demy cercle faict, fort mince, pour laisser
Qu'elqu'ombre de clarté par au trauers passer.
Ne recognoist-on pas l'aureille anfractueuse
Exterieurement fort cartilagineuse?
Pour fermer aisément le nez quand nous flairons

Cinq cartilages font du nez les aillerons:
Baissant vn peu plus bas on void le Tyroide,
L'Annullaire tout rond, & l'Aritenoide,
L'Epiglote dessus fait la voix moduler,
Et ferme le sifflet lors qu'il faut aualler,
Sous lesquelles paroist l'Artere raboteuse
En sa part de deuant tres-cartilagineuse:
Le deuant du Thorax est Cartilagineux
Tant en haut comme bas afin de cedder mieux
Aux coups exterieurs, par sa dure molesse
Il repare le choc qui rudement le presse:
Le bas du Cropion, & mesme le coxix
Est Cartilagineux sur lequel on s'assit.
Et d'autant que iamais la mobile ioincture
Ne se faict sans moyen de quelque chose dure
Qui garentisse bien les os d'escachement
Qui pourroit arriuer par l'entretouchement,
Nature a entremis presque en toute ioincture
Des Cartilages mols pour la rendre plus seure:
Puis afin d'empescher la dislocation
Qui arriue souuent par agitation,
De tres-forts ligamens l'a tout autour munie
Priuez de sentiment pour bienheurer la vie.

FLEVRON V.

DES MEMBRANES.

LA Membrane est de soy partie Homœomere,
Moins dure que n'est l'os, plus seiche que l'Artere,
Afin de se pouuoir estendre, & resserrer,
Et les membres subiets lestement enserrer,
Produite d'vne part de ductile semence,
Qui se rend par chaleur large, mollasse, & dense:
C'est l'organe du Tact immediatement
Doué pour cét effect d'exacte sentiment,
Dedans le corps humain ne se trouue partie
Qui ne soit tout autour de tunique garnie.
Nous la considerons en diuerses façons,
Comme auant qu'estre nez, & apres que naissons.
Le nerfueux Chorion, & la tendre Aignelette
Couurent de l'Enfançon la chair molle & douillette,
L'enueloppent par tout auant qu'il soit éclos
Iouxte le temps prefix de l'vterin enclos,
De peur de lesion, & retiennent l'vrine
Qui pourroit s'escoulant auancer sa ruine.
Puis si tost que l'enfant est en ce monde né,
On le void tout autour de Derme enuironné,
Sous le cuir nous paroist le charneux Pannicule
Espais & fort grossier comme vne pellicule,
Qui couure sous le cuir & graisse par dehors

Vniuersellement les parties du corps.
Les muscles sont tous ceints d'vne taye commune,
Et tous enueloppez à part de chacun vne,
Afin de conseruer leurs filets delicats,
Qui sans elle seroient à toute heure en degats.
Les os sont entourez tous de la mesme sorte,
Du chef iusques aux pieds du nerfueux Perioste.
Si nous considerons le blancheastre Cerueau,
Nous le trouuons par tout couuert de double peau:
Nous trouuons dedans l'Oeil six tayes deliees,
Qui tiennent les humeurs conioinctement liees,
De peur d'effusion, de diuerse couleur,
Diaphanes pour mieux perceuoir la lueur,
Qui par leur transplendeur font rasseurer la veuë,
Pour l'image imprimer de l'espece receuë,
Et refrenent aussi cest esprit visuel,
Qui seroit dissipé d'vn flus continuel,
La Blanche, la Cornee, Vuee, Aragnoide,
L'Amphiblestroeide, & la Hialoide.
La Pleure du Thorax couure la region
Qu'elle separe en deux de quelque portion,
Ditte Mediastin, puis à chaque partie
Donne vn enueloppoir, bandelette, ou fascie.
Le Peritoine tient la basse region,
Ceinte tout à l'entour en sa subiection:
Va nerueux munissant d'vne tunique pure
Les membres contenus au rond de sa ceinture,
Forme l'Epiploon par vn redoublement,
Le Mesentaire gras aussi pareillement:
Bref vne infinité de membranes petites

Se rencontrent sans nom qui ne seront descrites,
Attendu qu'on ne peut certain nombre asseurer
Des Tuniques qui vont les membres ceinturer.

FLEVRON VI.

DES VEINES.

IL conuient à ce coup, ô celeste Vranie,
Que tu guide mes sens, & mon esprit manie,
De peur de m'esgarer parmy ces longs vaisseaux,
Qui contiennent le sang dans leurs minces tuyaux,
Et l'esprit naturel, qui voicture & qui meine
Le gros sang nourricier en l'vne & l'autre veine,
Qui toutes vont tirer par radication
Leur principe du foye & dispensation,
D'où auant que d'ißir la Caue, & veine Porte
S'enlassent dans sa chair d'vne indicible sorte,
Faisans mille replis & dedaleux contours
Parmy le rouge corps du siege des amours,
Où l'on void, si de pres on regarde la chose,
Ces vaisseaux rencontrez ioincts par Anastomose.
L'vn tire son gros tronc de sa gibeuse part,
L'autre sortant en bas au ventre se depart,
Ou subit qu'elle sort engendre la Chistique,
La Gastrique en apres, & Gastrepiploique,
L'Intestinale außi, qui sont quatre surgeons.

Vrays nourriciers des lieux dont ils tirent leurs noms.
Cette souche se fend, & forme le Splenique,
Et du dextre costé le gros Mesanterique,
D'où sourdent en ces lieux quantité de vaisseaux
Disseminez à part en infinis rameaux:
Or en quatre surgeons le Spleniq se diuise
Auant que d'arriuer à la rate où il vise,
Et pousse tout content le Gastrique mineur,
L'Epiploïque droict mieux dict anterieur,
Le Stomachique gros, & l'autre Epiploïque
Qui de sa region prend le nom de Postique:
Le reste du Spleniq à la rate s'en court,
D'où vient à l'estomach le vaisseau gros & court.
Le gros Mesanteriq engendre la Cœcale
Nourrice du Cœcum, & l'Hemoroïdale,
Puis s'en va finissant en petits ramichons
Meseraïcs, menus, chille-succeans souchons.
Or sus il est saison qu'en liste ie rameine
Le vaisseau qui du corps est la plus grosse veine,
Qui du foye naissant, principe nourricier,
Tout soudain en deux troncs tasche de se fourcher,
Dont l'vn dirige à mont sa necessaire course,
L'autre vn peu plus maßif, contre bas la rebrousse
Et descendant produist cinq surgeons, l'Adipeux,
L'Emulgent, Semencier, Lumbal, & Musculeux,
Deuant que s'espartir derechef en deux branches,
Es insignes rameaux Iliaques des hanches,
D'où sourdent en ces lieux quatre petits ruisseaux
Pour le ventre arrouser & les lieux genitaux,
Le Sacré, qui nourrit la moëlle sacrée

De la douce liqueur qui rouge luy agrée,
L'Hypogastrique veut le bas ventre nourrir,
L'Epigastrique veut les muscles parcourir,
Es membres genitaux le trop Honteux desire
Ces petits ramichons parsemer & conduire.
Si tost que le rameau Iliaque est sorty
Du bas ventre, aussi tost on le void assorty
Du beau nom de Crural, qui tousiours luy demeure
Tandis qu'il accomplist sa course inferieure,
Dispersant çà & là grand nombre de rameaux
Que reduire l'on peut tous en six principaux:
La Saphene en dedans va vers le Maleole
S'esparpiller au pied que dessus elle accole,
L'Ischiadique issant de l'opposite part
Petite entre la chair & le cuir se depart:
La Muscule un gros tronc en la cuisse destale,
L'autre plus delié en la jambe deuale :
De deux rameaux unis la veine du iaret
Par derriere coulant en la jambe se pert:
Aux muscles du pommeau la Surale s'implante
Tirant au gros orteil tout le long de la plante:
La grande Ischiadique en dix petits scions
En dehors aux orteils faict ses diuisions.
Reste à considerer le reste de la veine
Qui parmy le Thorax s'esgaye & se promeine:
Voyons donc d'un bon œil les dedaleux contours
Qu'obserue ce beau tronc parachevant son cours,
Grimpant en haut soudain au Diaphragme laisse
Le Phrenique rameau pour l'arrouser sans cesse,
Comme aussi pour nourrir de ce nectar benin

La Pochette du cœur, & le Mediastin:
Et s'approchant du cœur vne tige luy donne
Pour sa baze embellir d'vne rouge couronne,
Puis s'ouurant à costé verse dedans le cœur
Par vn trou deschiré la pourprine liqueur:
Poursuiuant son chemin il enfante à sa dextre
L'Azigos qui sans pair vnicque desire estre,
D'icelle sont tousiours huict ruisselets espars
De tous les deux costez vers les costes d'embas.
Forme l'Intercostal, & faict la departie
Des Sous-clauiers canaux vers la haute patrie,
Qui auant que sortir de l'enclos pectoral
Luy donnent cinq rameaux, au deuant le Mammal,
Thimiq au gland dit Thim, le Capsulaire darde
Sa rougeastre couleur dedans le Pericarde,
Le Ceruical au col, le Musculeux seion
Dans les muscles du col faict sa diuision.
Apres que du Thorax la branche Sous-clauiere
A gagné le dehors, elle faict l'Axillaire
Qui fabrique aussi tost le recourbé rameau
Thorachique, grossier, de toute part iumeau,
Et tout le long du bras la Basilique double,
Et Cephalique aussi, qui à elle s'accouple
Dans le ply cubital, pour former en ce lieu
De cet accouplement la veine du Milieu,
D'vne autre portion ceste veine Testiere
Entre le petit doigt & le doigt annulaire
Produist la Saluatelle, en apres va finir
Tout au fin bout des doigts pour de sang les fournir.
Du Sur-clauier canal la iugulaire interne

Double, va conduisant en la haute cisterne
La sanguine liqueur, qui s'espand au cerueau
Et dans les plis meslez de sa iumelle peau:
L'Externe entre le cuir & pannicule passe
Par les costez du col és muscles de la face,
De la Bouche, & Larinx: sous la Langue surgist
Le Rainal reiecton qui la Langue nourrist,
L'autre guindant à mont par derriere à la crouppe
De l'Os occipital, met le sang en la Pouppe,
D'vn autre portion vient la veine du front,
Couronner en ce lieu le reste de ce tronc:
Sans vne infinité de veines capilaires
Qui partent ça & là des branches iugulaires.

FLEVRON VII.

DES ARTERES.

AYant en bref tissu des veines le discours,
Ie veux monstrer à l'œil des Arteres le cours,
L'Artere est vn vaisseau fait de tunique double,
De fils entre-tissus, rond, long, creux, fort & souple,
C'est le sacré coffret du sang arterieux,
Et de l'Esprit vital le sentier pretieux,
Qui iaillissant du cœur à l'instant enuironne
Sa base tout autour d'vne double couronne,
Puis tout incontinent en deux troncs esparty,

L'vn tient le bas canton, l'autre le haut party,
Qui derechef fourché au dessous de la gorge
Du Rameau Sous-clauier cinq surgeons tire & forge,
Le haut Entrecostal entre les costes chet,
Le Mammal par dedans arrouse le brechet,
Le Tige musculeux ès muscles se termine,
Le Ceruical en haut ès meninges se mine,
La Carotide apres à la face s'espand,
Puis entre l'os Jugal & Sphenoïde tend
A grimper plus auant, persant la dure mere
S'esparpille par tout en auant & arriere,
Et glissant ès sinus faict d'vn double reply
Auec le Ceruical le Choroïde ply.

Du reste Sous-clauier la double Thorachique
Au Thorax se respand, aux bras la Basilique,

Du tronc qui veut en bas son noble cours virer,
Huict ruisseaux trepillans veulent source tirer,
Le grand Entrecostal, le Diaphragmatique,
Le Cœliac diffus, gemeau Mesenterique,
L'Emulgent, Semencier, Lumbal, & Musculeux:
Puis arriuant aux flancs le Tronc se met en deux
D'où sortent le Sacré, le gros Hypogastrique,
Le sec Vmbilical, & gresle Epigastrique,
Le Honteux escumeux, puis l'Artere coulant
Es jambes & aux pieds crurale va croulant,
Accomplissant son cours de mesme que la veine
Qui captiue le sang dans sa tunique vaine,
Où l'on doit bien noter que le poussant Canal
Est six fois plus espais que non pas le venal.

FLEVRON VIII.

DES NERFS.

Ainsi que la vertu naturelle voicture,
Par les veines le sang, & l'esprit sans vsure,
Et la vitale espart par arteres l'esprit
Et sang arterieux de canaux circumscript:
De mesme par les nerfs la faculté mouuante
Est conduicte par tout, & la Sensifiante
Guidees par l'esprit; sans nerfs on ne peut voir,
Toucher, ouyr, gouster, ny l'odeur perceuoir.
Les Nerfs appariez tirent leur origine
Du Sacré cordon blanc ou test ou en l'espine,
Illuminez des rays de l'esprit animal
Sensitif & motif qu'il influent à val.
L'Optique separé vers sa large racine,
Se ioinct en confondant sa moëlle argentine,
Puis separé s'en va par dans vn antre creux
Porter l'esprit visif dans le centre des yeux,
Autour du Cristalin produist, engendre, & forme,
Par dilatation la taie Retiforme:
L'Oeil mouuant est second, le tiers est Gustatif,
Le quart court au Palais, le quint est Auditif,
Le six est Vagabond, puis qu'on ne void entraille
Dedans le corps humain où ce nerf ne s'en aille,

Il faict les Recurrens: à la Langue le Sept,
Et aux muscles voysins se consume & se pert.
  Ce cordon argentin sort molet du derriere
Des deux troncs, bien couuert de l'vne & l'autre mere,
Se glissant par vn trou du Test dans les cachots
Emmurez tout au tour de ligaments & d'os
Ensemble cimentez tout du long de l'espine,
Qui retient la façon d'vne longue Carine,
D'où taschant d'ißir hors par les pertuis ouuerts,
Disperse dans le corps trente paires de Nerfs,
Qui portent quand & soy la vertu Sensitiue,
Et par mesme moyen la faculté Motiue.
  Sept au Col, douze au Dos, aux Lumbes cinq couplets,
Et six à l'os Sacré, font les trente complets.
  Or des paires du Col, cinq, six, & septiesme,
Premiere du Thorax & de la deuxiesme,
Six nerfs vont dans le bras donner le sentiment,
Et portent quant & quant le libre mouuement.
  Quatre autres fort grossiers se perdent & seminent
Par petits filardeaux és membres qui cheminent,
Qui des trois bas couplets des Lumbes enlassez
Aux quatre gros Sacrez en laßis compassez,
Sont enuoyez espars en la jambe où arriue
Par eux la faculté motiue & sensitiue.

FLEVRON

FLEVRON IX.

DES MVSCLES.

Neufuain troupeau, vous filles de Memoire,
L'heur, & l'honneur, la splendeur, & la gloire
Du double mont, authorisez mes vers,
Aduancez les parmy cet vniuers:
Que dans mes vers vostre nom i'entrechante,
Que mon esprit vostre grace resente,
Vostre suport, & supréme grandeur,
Ont tellement encouragé son cœur,
Qu'ayant gousté de l'onde Aganippide,
Il veut chanter à l'abry Pieride
(Sans crainte ou peur des mutins enuieux,
Prompts à blasmer ses desseins curieux)
Les mouuements de l'humaine nature
Les demonstrans à la race future:
Par le discours voulant representer
Ce qui pourroit vn homme contenter.
Quiconque donc est desireux d'aprendre
Lise ces vers, il y pourra comprendre
En peu de mots les mouuements diuers
Du corps humain, à droict & à l'enuers,
L'Vtilité, l'Insertion, Origine,
Nombre, Action, que la vertu diuine

A desparty aux Muscles instruments,
Dont nostre corps se sert aux mouuements,
Aux mouuements appellez volontaires,
Non naturels du cœur & des arteres.
Ces Muscles sont de membrane couuers,
De chair tissus, entrelassez de nerfs,
Pour faire vn corps qui se diuise en teste,
Ventre, & Tendon comme il est manifeste.
Poursuiuant donc nostre premier propos,
Qui veut sçauoir les muscles de ce corps,
Il ne se doit fier à la lecture,
Ains fueilletter les liures de nature.
Commençant donc au front dessus les yeux
Deux muscles sont appellez Membraneux.
Plus bas on void ce cristal admirable
Ces minces peaux de l'Oeil incomparable,
Lequel est meu souuent de tous costez
Comme il nous plaist regir nos volontez
Par six moteurs, l'vn bousy d'arrogance
Superbe en haut luy faict faire sa dance,
Puis l'Humble en bas, vers le nez l'Abducteur,
Et aux costez le rude Indignateur,
Entre ceux-cy par oblique racine
Deux Amoureux aluchons de Cyprine,
Couuent souuent en ces astres mignards
Les feux d'Amour par blandissans regards:
Ces Yeux-mouuans prennent dedans l'Orbite
Deuers son fond leur naissance petite,
De la s'en vont és Tuniques miner
De tous costez allans se terminer:

C'est Oeil luisant retient pour sa barriere,
Et pour rempart la supreme paupiere,
En vn instant haussée de l'Ouureur,
Et close bas du Moindre, & Grand fermeur.
Le Nez poupin par deux muscles se serre,
Par deux aussi se dilate & desserre.
Considerons la Bouche, & ses remparts
Rouges, vermeils, ornez de toutes parts
D'vn teint exquis, de couleur plus iolie,
Qu'au cœur d'Esté n'est la rose florie,
Que toute fleur qui se puisse cueillir
Au gay Prin-temps, ou l'Esté recueillir,
Le haut rempart par l'Oissellier s'agite
Et meut en haut, l'Abaisseur bas le iette
De chaque part: mais pour l'inferieur
Vn Long, vn Court, vn Ouureur, vn Fermeur,
Le Trompeteur antoure de la ioüe
Ce qu'est enflé quand de Buccine on ioüe.
Dix muscles vont la Maschoire mouuant
En haut, en bas, en arriere, en auant,
Cinq d'vn costé, le premier de la Temple
Dict Temporal, large, diffus, & ample,
Sous l'os Iugal passe tirant en haut,
Deux Maschelliers font arriere leur saut,
Le Caché clost, puis de mesme maniere
Le Digastric agence la Machoire.
Voyons comment l'organe musical
Est attiré dehors, à mont, à val,
Par cinq couplets, l'vn est le Stiloglosse,
Le Miloglosse, & le Geneoglosse,

Les deux premiers font hausser & baisser,
Le tiers l'a faict en dehors aduancer,
Basiloglosse en arriere l'atire,
Et à costé Seratoglosse vire,
Pour estrecir du gosier le destroict,
Deux beaux couplets le serrent fort estroict,
Puis par autant cet Isthme gutturale
Est eslargy quand la soupe deualle.
L'os qui soustient la langue veut auoir
Quatre couplets reduits à son pouuoir,
Dont le premier est Stiloyoyde,
Le second pair est le Coracoyde,
Tous ces deux pairs surgissent du canton
Dont ils ont pris & deriué leur nom,
Puis du Sternon le Sternohyoyde
Part & s'en va conioindre à l'Hyoyde;
Apres lequel appert le Mentonier
Qui bien souuent est nommé le dernier.
Dans le Larinx organe de Musique
L'on void sept pairs, le premier dict Bronchique
Du haut Sternon court à mont s'inserer
A l'Escusson, pour le mieux resserer,
Le second pair est l'Hyotyroyde
Qui vient de l'os se ioindre au Tyroyde,
Tous deux communs: cinq propres sont expres
Soit à l'ouurir ou refermer apres:
Pres de ceux-là se void à l'Oesophage
L'Oesophager gouuerneur du passage.
Contemplons donc & regardons plus bas,
Tous les moteurs du chef tant haut que bas.

Tout au deuant la couple Mammilaire
Tire le chef prosne deuers la terre,
Deux Rateleux, & les deux Composez,
Pour l'eriger sont arriere posez,
Dessous lesquels on en remarque quatre,
Dicts petits droicts, d'obliques aussi quatre.
J'en trouue huict apres que i'ay compté,
Propres au col quatre à chaque costé,
Scalenes, Longs le col en bas flechissent,
Le Transuersal, & l'Espineux roidissent.
Le Paleron du bras commencement
Veut quatre pairs, dont l'vn tire deuant
Dit Dentellé petit dont la figure
Luy donne part en haut posterieure,
Le Capuchon arriere bas & haut,
Le Rhomboyde oublier pas ne faut,
Et Leuateur. L'Adiutoire pour guide
N'en veut que huict, Pectoral, Deltoyde,
Surespineux, Treslarge, Rond majeur,
Sous espineux, auec le Rond mineur,
Et le Plongé: le premier tire source
Tout au milieu des Clefs, & faict sa course
A l'Humerus, & charneux en deuant
Soit bas soit haut forme son mouuement,
Les deux d'apres en haut tirent carriere,
Deux autres bas, trois virent en arriere,
En demy rond font aussi mouuement,
Et tous vnis l'ont circulairement.
Le Brachial aydé du Double-teste
A flexion pour le Coude s'apreste,

Rond & Quaré le sçauent allonger
Et son maintien en dehors prolonger.
Pour le Rayon deux Pronateurs internes
Rond & quarré, & deux autres externes
Suspinateurs & le Court & le Long
Virent la main, & aussi le Rayon.
Quant au Poignet deux lacertes estendent
Interieurs, & deux autres entendent
A le plier ou flechisseurs ou non,
Supreme & Bas s'appellent en leur nom.
Or pour la main hausser, plier, estendre,
Sont vingt & sept, & pour les mieux comprendre,
Les doigts-plieurs sont trois le dessus mis,
Et le profond qui est au dessous mis,
Le tiers nerfueux soit appellé Palmaire,
Puis qu'à la main il va la Paume faire,
Les quatre Doigts ont tous vn Estendeur
Qui leue en haut, puis est l'Obliquateur
Du petit doigt qui sçait faire vne aumosne
A chaque doigt d'vn tendon qu'il leur donne,
L'Hypotenar s'insere au mesme doigt,
Au second ioinct que clairement on void,
Huict Entrosseux, dont quatre sont internes
Entre les doigts, & quatre autres externes,
Qui tous charnus de leurs tendons egaux
Vont s'vnissant aux quatre Lumbricaux,
Proche des doigts ie voy bien que le Pouce
Par muscles siens adapte sa secousse,
Quatre Extenseurs il se vante d'auoir,
Et sept Plieurs de contraire pouuoir.

Callons plus bas & iettons nostre veuë
Dans le Thorax, pour y faire reueuë,
Soixante cinq le font libre aspirer,
Et l'air entré viuement expirer,
Dont trente deux font respirer à l'aise
Subdiuisez en chaque costé seize,
Des seize cy nous contons le premier
Grand Dentelé, le second Sous-clauier,
Et deux encor Dentelez veulent estre
Posterieurs, & haut & bas paroistre,
L'Oblique à mont, & onze Entre-costaux
Exterieurs presque tousiours egaux :
Tousiours se meut le mental Diaphragme
Tant qu'en ce corps il sent battre nostre Ame.
Autant en veut la respiration
Pour accomplir sa libre function,
Que le premier soit le Sacro-lumbaire,
Et le second soit le Triangulaire,
L'Oblique tiers lequel descend à val,
Le quart est Droict & le quint Transuersal,
Puis vnze vont Entre-costiers internes
Croiser dedans les vnze autres externes.
L'Epigastre est par dix muscles esmeu,
Et par iceux l'excrement hors est meu,
Le Descendant vient de la septiesme
Et quelquefois de la coste huictiesme
Obliquement à la Hanche planter
Ce qu'il va puis à la ligne r'anter :
Le Montant part tout charnu de l'espine
De l'os des flancs & s'insere à la Ligne

Enueloppant dans son tendon iumeau
Le muscle Droict d'vne douillette peau,
Ce Droict descend du Brechet à la Hanche,
Le Transuersal court à ligne blanche,
Le Substitut au bas du muscle droict
Le renforcist en son infime endroict.
De l'autre part la region Lumballe
Trois d'vn costé le long du dos estalle
My-espineux, Trianglar, & sacré
Font manier les Lumbes bien agré.
La Verge veut vne couple iumelle
L'vne à dresser, l'autre l'vrine expelle,
Et boute hors la semence au coït
Eiaculée en l'vrinier conduict.
Quant aux Tesmoins chacun vn Cremastere
Bien delié leur sert de suspensaire.
Pour releuer l'Intestin descendu
Des deux Leueurs est en son lieu rendu,
Et à fermer le siege, & pour deffendre
Les excrements de ne sortir du ventre
Sans nostre vueil, & par discretion
Selon le temps faire l'egestion,
En retardant la trop prompte sortie
Sont deux Sphincters: & vn à la Vessie
Enuironnant son col pour empescher
Sans son congé ce vaisseau d'assecher.
La portion qu'on dict Ambulatiue
Commence en haut en la Cuisse où arriue
Le gros Psoas, & l'Iliaq qui font
Plier dedans tournans en demy-rond,

Trois extenseurs la tirent en arriere,
Et de leurs corps forment la Fesse entiere:
Puis le Triceps la faict tourner en rond
Quatre Gemeaux, le premier & second
Obturateur, vont le tour Circulaire
De l'os Femur accomplir & parfaire.
Baissons plus bas & regardons à point
Quels font mouuoir les jambes s'ils sont vingt
Dix pour moitié, le Membraneux tres-large
Tire deuant, le Cordonnier les charge
Et met en croix, le Vaste interieur
L'alonge aydé du Vaste exterieur,
Le quint est Droict, le six est Poplitique
Celuy-cy faict le mouuement oblique,
Le Gresle plie, & le Demi-nerueux,
Biceps, Crural, & le Mi-membraneux.
Au Tarse bas huict muscles se respandent
Cinq Erecteurs le Pedion estendent,
Les deux premiers potelez sont Gemeaux,
Qui font de soy des jambes les pommeaux,
Dessous lesquels se muce le Plantaire,
Et le plus grand d'entre tous dict Solaire,
Le quint Jambier nommé posterieur:
Et pour flechir Jambier l'anterieur
Auec les deux du plus petit focile
Va s'inserer à la plante gentille.
Apres ceux-là regardons des Orteils
Les vingt & vn, dont quatre sont pareils
Bons estendeurs Interosseux internes,
Et quatre aupres Interosseux externes,

Deux Esten-doigts, & deux autres Plieurs:
Les Lumbricaux des orteils r'allieurs
Les quatre Orteils font aller vers le Pouce,
Que l'Abducteur esquarquille & respouse,
Au petit doigt apert l'Hypotenar:
Le gros Orteil s'esloigne par Tenar,
A le fleschir vn Plieur met sa force,
Que l'Extenseur de redresser s'efforce.
En peu de mots voyla les instruments
Qui font du corps les libres mouuements.
Que si i'ay teu de quelqu'vn l'origine,
Ou bien l'endroict ou sa queuë termine,
Ne desduisant d'vn discours bien poly
Tous les endroicts où ce muscle ioly
Naist, ou prend fin, comment, en quelle forme
Il contrarie, ou bien est vniforme,
C'est pour fuir toute perplexité,
Que causeroit telle prolixité,
En repetant souuent mesme langage
Qui rend confus plustost qu'il ne soulage
Celuy qui veut les muscles speculer
Et par les vers leur nombre calculer.

Fin du premier Liure.

LIVRE SECOND DU BOUQUET ANATOMIQUE de Gabriel Gerberon Chirurgien Vendosmois.

FLEURON PREMIER.

Du Ventre Inferieur.

Nfin estant sorty des halliers espineux
Des Os, Membranes, Nerfs, & des canaux Veineux,
Ie voudrois bien chanter sur ma Harpe Lirique,
Des membres composez la suite Anatomique,
Et pinceter des doigts mon Luth armonieux,
Pour luy faire esclater vn son melodieux,
Mais lors qu'à commençer seulement i'y essaye
Ma bouche se reclost, & ma langue begaye,
Le parler m'y deffaut, & ma debile main
Taschant d'y commencer s'arreste tout soudain.
Car sont des Oceans où quiconque s'embarque
Doit meurement sonder premier qu'entrer en barque,
S'il a pour auirons, le voir, & le parler,
Pour le tirer des flots, & les voiles caller.
Las! que n'ay-ie à present ainsi que ie desire
D'vn stile doux-coulant la grace de bien dire?

Afin de fredonner les accens tous diuers
Du petit abregé de ce grand Vniuers?
Afin de marier aux accens de ma Lire
Les membres que pensif ie contemple & admire,
N'osant m'y hazarder, si sens-ie toutesfois
Ne sçay quel sainct Demon, qui r'asseure ma voix,
Et va comme poussant mon ame peu feconde
A faire retentir cet abregé du monde:
Et rechercher de pres soit dedans soit dehors
Les membres dont est faict & composé ce corps.
,, Il faut bien commencer, celuy qui bien commence
,, Son ouurage entrepris de beaucoup il aduance,
,, Et si l'on void tousiours presque ordinairement
,, Qu'en tous actes la fin suit le commencement,
,, Et que telle de front se rencontre l'entrée
,, Telle fin volontiers s'est souuent rencontrée.
Courage donc entrons en corps precieux
Dissequans de nos mains regardans de nos yeux:
J'y voy trois regions au chef est l'Animale,
La naturelle en bas, au milieu la vitale,
Pour le reste du corps sont membres limitez
Et compris largement sous les extremitez.
L'ordre de dignité ie ne veux ores suyure
Ains de necessité par tout ce tronc poursuyure,
Espluchant à loisir le ventre inferieur,
Auant que le moyen, & le superieur.
Le faux cuir qui premier à nos yeux se presente
Enuironnant le Cuir empesche qu'il ne sente
Et n'endure soudain la poignante douleur
Que pourroit exciter l'effleureure ou froideur.

Le Derme membraneux tout le corps enuironne
Predit d'vn sens exquis que nature luy donne
Comme organe du Tact, afin de mieux iuger
Toutes les qualitez qui se peuuent toucher.
La Graisse sous le cuir en l'homme veut paroistre,
Et d'vn sang vnctueux se figer & s'acroistre.
Le Pannicule gras charneux va circuir
Tout ce qu'est entouré de la Graisse & du cuir.
Apres cela se void la Membrane commune
Des Muscles, qui à part en ont tous chacun vne
Ayant sans deschirer ces Tegumens osté
Dix muscles iaperçois cinq de chaque costé,
Deux Obliques premiers, l'externe tousiours tire
Ses fibres en à bas, l'autre en à mont les vire:
Le Droict demi-nerfueux, le quarré Transuersal,
Et le moindre de tous est le Piramidal.
Ces muscles bien leuez le Peritoire mince
Gemeau tout à l'entour ceint la basse prouince.
Et d'autant qu'au Fœtus quatre petits vaisseaux
Vnis pres le Nombril nommez Vmbilicaux
Se rencontrent, premier qu'oster le Peritoine
Regardons seulement l'Ouracos, & la Veine,
Deux Arteres auec, qui finissans leur temps
Lors que l'enfant est né changent en ligamens.
Le Peritoire ouuert la Coëffe se presente
Espanduë dessous, comme vne chaude mante
Pour tenir aux boyaux l'exhalante chaleur,
Figeant & ramassant l'Vnctueuse vapeur.
Six fois plus que du corps est longue l'estenduë
Des intestins mollets au ventre respanduë

Dessous l'Epiploon, ou sont tous les boyaux,
Qui bien que continus ne sont pourtant esgaux,
Leur composition est de triple tunique
Tissuë des trois fils de vertu chillifique:
Des trois menus Portier, Ieuneur, Entortille,
Le chille est és vaisseaux portiers esparpillé,
Des menus aux grossiers, Borgne & Cellulé coule
L'excrement figuré qui par le Droict s'escoule:
Le Droict & le Portier sont sans plis tortueux,
Les autres ont des tours assez anfractueux:
De peur que l'excrement coulé du Ventricule
Ne retourne en àmont, vn guichet ou valuule
Tout au commencement du boyau Cellulé,
Empesche de r'entrer l'excrement reculé.

Le Mesantere tient les Intestins ensemble,
En ses deux bouts estroit, en son milieu tres-ample,
Membraneux, glanduleux, afin de suporter
Les veines qui s'en vont le chille au tronc porter.

Le rouge Pancreas sert à la veine Porte
(Qui d'vn flux Caspian le sang & chille porte)
De coissin fort douillet, afin de l'apuyer
De son corps glanduleux sous le douze-doigtier.

Faudroit en ce lieu-cy de la veine Portiere
Dissequer le beau tronc suyuant nostre matiere
N'estoit que cy-deuant des veines le discours
Est ja distribué pour y auoir recours.

Passant à l'Estomach, il faut que ie m'amuse
A ce vaisseau basty comme vne cornemuse,
Receptable commun du boire & du manger,
Qu'il peut en peu de temps en chille doux changer,

Espurant le meilleur par vertu specifique,
(Naturelle à luy seul) de sa triple tunique,
Arrousee à son vueil afin de se nourrir
Des ruisselets portiers qui la vont parcourir,
Le Rameau Cœliac pour chauffer la cuisine
De ses petits scions sans cesse l'illumine,
Ell' a vn sens exquis du couplet Vagabond
En branchage diffus en son haut plus qu'au fond:
L'Estomach est fourny d'vne entree Jumelle
Pour prendre ou descharger l'aliment pesle-mesle,
Dont la Bouche d'enhault est dessoubs le Brechet
Continuë au Mery par où l'aliment chet
Au fond du magazin qui est le promptuaire
Où se faict par chaleur la coction premiere:
L'Orifice d'embas ne deualle tout droict
Ains regorge en à mont deuers le costé droict
Se recourbant soudain dans l'Ecphise il deualle
Où il dechasse bas l'excrement ord & sale.
Dérobons à nos yeux quelque peu de loisir
Pour voir, & visiter auec vn grand plaisir
Ce Parenchime roux, ce noble & rouge Foye,
Qui digere le sang qu'aux membres il enuoye.
Ce Prince tout benin nourrist à ses despens
La famille du corps la plus grand' part du temps,
De luy l'Amour fidel & la concupiscence
Tirent iournellement leur illustre naissance,
C'est l'Autheur de l'esprit naturel qui conduit
Le gros Sang nourricier dessous son sauf-conduit,
L'officine du Sang, des veines le principe,
Que radicalement & l'vn & l'autre grippe.

Dans l'Hypocondre droict il s'est voulu nicher
Comme lieu oportun pour sa tent e y ficher,
Et se tarquer en haut des costes mensongeres
Qui moderent le choq de cheuttes estrangeres,
Et s'aggraffer en haut par vn fort ligament
Au Muscle qui se meut perpetuellement,
Pardeuant le soustient la veine Vmbicale
(Muée en Ligament) de peur qu'il ne deuale,
Il a Connexion par les nerfs au Cerueau,
Et au Cœur moyennant le trepillant vaisseau,
Qui conserue l'esprit, & qui tousiours modere
Et regist la chaleur, & le haste tempere
En son infime part plus qu'en celle d'en haut,
D'autant que le Phrenes refrene le chaud:
En tous les animaux sa grandeur n'est pareille
Car en l'homme sur tous la grandeur nompareille
Excedde de beaucoup, si nous auons regard
A la proportion ou faut auoir esgard:
Des membres adiacens il tire sa figure,
Du Peritoine il prend sa tendrette vesture,
Il est tout d'vn tenant n'estant point diuisé
Comme les Antiens auoient dogmatisé,
Seulement au milieu vne fissure ou fente
En son infime part est assez euidente,
Il est caue dessous, inesgal, raboteux,
Et dessus en dehors poli, rond, & gibeux:
Sa Chair rouge en couleur est sa propre substance,
Qui de sang brun figé tient quelque ressemblance,
Chaude pour digerer le sang delicieux,
Humide pour donner sa tiedeur en tous lieux,

Dans

Dans ceste affusion la Caue & veine Porte
Font mille tours diuers d'vne façon accorte
Se promenant par tout, puis au premier toucher
Diametralement se vont entr'emboucher,
Là se void le Portier qui verse dans la Caue
Le sang bien digeré, rendu doux, & suaue,
Dont elle arrouse tout, distribuant son cours
Comme il est ja deduict pour y auoir recours.
„ Si nous sommes tousiours nourris de chose douce,
Ce n'est pas sans raison que ceste liqueur rousse
S'espure en diuers lieux, bannissant loing de soy
L'excrement qui pourroit luy causer vn esmoy
Souillant, & maculant la masse sanguinaire
Tant du suc Coleric, que de la [illegible]le noire,
Et sereux excrement, qui segregez à part
Sont dedans leurs vaisseaux cantonnez à l'escart:
Dessous le costé droict du Foye est la boursette
Membraneuse du Fiel, de figure longuette,
Des trois fibres tissuë, afin de contenir
Ceste iaunastre humeur qu'elle veut detenir
Attirant en son fond telle humeur acre & rogue,
Moyennant le conduit & pore Colalogue
Dans le Foye inseré, qui netoye tousiours
La Royale maison du Prince des Amours
De ce suc Coleric, que la bourse renuoye
Par vn autre meat, & biaisante voye
Dedans les intestins paresseux à vuider
Les excrements grossiers qu'il y va liquider.
Comme le Laboureur qui cultiue la terre
Seme tout à l'entour de son bled qu'il enterre,

Des lupins pour succer, & en eux conuertir
L'amertume du champ qui s'y va diuertir:
Ainsi nature a mis au senestre Hypocondre
La Rate pour tirer, separer, & refondre
Le gros sang limonneux, qui estant rafiné
Par le rameau Spleniq est ailleurs confiné,
Ou par le Court vaisseau qui prouoque & stimule
L'apetit endormy dedans le ventricule.
Or il estoit besoin pour recuire ce sang
Que la Rate retint un teint brun rougissant,
Et qu'vne tenue peau ou taie delicate
Enueloppast en soy tout le corps de la Rate
Spongieux, & mollet, de chair propre tissu,
D'Arteres, veines, nerfs par tout entretissu,
En ouale basti, où la Melancolie
S'elabore, se cuist, digere & subtilie,
La Ratelle s'allie, & veut faire la cour
Aux membres plus prochains de son triste seiour:
Mais c'est vn sort fatal qu'au rateleux empire
On estime tousiours la plus grande la pire.
Or sus apres qu'on a bien delicatement
Tous ces membres leué, l'on void plus clairement
Deux beaux Troncs descendans, l'vn est l'Artere grande
Qui desire tousiours accompagner la bande
De l'autre associé, pendant le long chemin
Qu'ils font pour disperser le nectar purpurin:
Suiuant que i'ay prescript, & tracé leur carriere
En haut, bas, & costez, en auant, & arriere,
A part en leur traicté, où ie te r'enuoyeray,
Car de mon vray sentier ie ne me deuoyeray,

Ains conduiray mes pas par la veine Emulgente
Dans la chair des Roignons qui luy est adherente,
Afin de retirer le sereux excrement
Non encor espuré du sang exactement,
Dont elle se nourrit, & le reste degoutte
Es tuyaux vriniers sans cesse goutte à goutte,
Et bien que le Rein droict soit à l'autre opposé,
Si n'est-il vis à vis du senestre posé,
Mais quelque peu plus bas, afin que s'il eschappe
Au gauche du serum, que l'autre le rehappe,
En poix chiche il est faict, d'vn double enuelopoir,
Le Peritoine veut l'vn & l'autre pouruoir,
L'externe est adipeux qui sert de bandelette
A renfermer son corps comme en vne bougette,
L'interne par dehors couure toute sa chair
Où se glissant y va doucement se cacher,
Ceignant tous les vaisseaux pour les rendre plus fermes
A contenir l'humeur captiue dans leurs termes:
Or ces vaisseaux sont trois que l'on peut remarquer
Hors le corps du Roignon, auant que dissequer
La fabrique du Rhein, où la Veine & l'Artere
Emulgentes s'en vont, d'où ressort l'Ouretere,
De la plus caue part, qui les reçoit tous trois
Non pas confusément, bien que tous à la fois
Ainçois tout aussi tost, que l'Artere & la Veine
Sont entrees auant dans le Renal domaine,
Tout soudain on les void en quatre s'espartir,
Qui derechef s'en vont en d'autres despartir
Tant en fin qu'en petits filardeaux terminées
Elles soient en la chair du Rhein disseminees,

Dont la maieure part va bien toſt adirer
Son chemin en ces chairs qui me font admirer
L'artifice excellent, que la mere nature
Practique pour tirer la ſeroſité pure
Sans meſlange de ſang, par la transfuſion
Que ces petites chairs font ſans confuſion
Laiſſant leur petit bout au conduit Ouretere
Long, rond, creux, membraneux, eſpais comme vn artere
Qui s'ancrant dans le Rein par dans ſa cauité
S'eſlargiſſant y faict vne capacité
Conuenable en ce lieu pour receuoir l'vriſe
Qu'il porte par apres dans l'humaine Piſcine,
Puis diuiſe ſon Tronc en neuf ou dix canaux
Que reduire l'on peut tous en trois principaux,
PerceZ en leur fin bout, pour bien lacer & prendre
L'extremité des chairs qui és trous ſe va rendre :
Les Ouretres ſortis des Roignons callent ius,
Voicturans le Serum qui eſt en eux reclus
Juſqu'à tant qu'arriueZ à la ſuperficie
Jls l'aillent biaiſans vuider en la veßie,
S'infiltrans és coſteZ, d'vn ſentier tortueux
Oblique fort eſtroit, & bien anfractueux,
De peur que derechef l'vrine ne retourne
Vers les membres mandans, & en eux ne ſeiourne.
La Veßie reçoit l'Vrine, & la contient,
Et quelque peu de temps en ſon fond la retient,
Puis par ſon col charneux exile de ſa naſſe
Le ſereux excrement que dehors elle chaſſe,
A la diſcretion de ſon muſcle Fermeur,
Qui ſelon noſtre vueil en eſt le gouuerneur :

Dans la capacité du Ventre n'est recluse
Ains entre les deux peaux du Peritoine incluse,
Entre les os Barrez, où son corps est caché,
Et son fond au Nombril par l'Ouraque attaché,
Ce corps longuet & rond faict de triple tunique
Façonné des trois fils, fort blanchastre, & lubrique
Est parsemé par tout à tors & à trauers
D'arteres à foison de veines & de nerfs.

FLEVRON II.

DES PARTIES GENITALES des Hommes.

C'EST vn cas resolu, c'est Maxime asseurée
Parmy les Medecins pour vraye demeurée:
Que reçoiuent aussi les Philosophes Grecs
Au cathalogue sainct de leurs diuins secrets:
,, Que tout ce qu'est compris sous le Ciel de la Lune,
,, Soit en l'Air, soit en l'Eau, soit en la Terre brune,
,, Est subiect à changer, s'alterer, & pourrir,
,, Et que tous animaux sont suiets au mourir:
Pource qu'incessamment la premiere matiere
Appete, & veut auoir nouuelle forme entiere
Et la seconde en soy faicte des elements,
A cause du discord & des dissentements
Entr'eux quatre qu'ils ont, secretement machine
Du corps mixte la fin & future ruyne.

Outre plus on retient l'ineuitable mort
En tous les animaux pour vn fatal ressort,
Par nature, d'autant que l'humeur radicale
Se mine peu à peu par vn long interuale,
Et par necessité, car tous nos aliments
Receuz & meslangez, laissent des excrements,
Dont la supression en toutes les parties
Cause vn vaste Ocean de grandes maladies,
Que talonne la Mort & les suit pas à pas
Pour les enseuelir d'vn lugubre trespas.
Ce que preuoyant bien la Nature tres-sage,
Qui faict ce qu'elle faict sans nul aprentissage,
Ne pouuant conseruer l'Indiuidu mortel,
Le veut eterniser & le rendre immortel
Par propagation de forme & de l'espece,
Qu'elle faict iour & nuict d'vne prompte vitesse,
A tous les elements par transmutation,
Aux animaux parfaicts par generation
Qui se faict moyennant du masle la semence
Que la femme conçoit, s'il y a concurrence
De sperme des deux parts, autrement ce n'est rien,
Bien qu'on puisse accomplir l'acte venerien,
Et r'assembler en vn les outils de nature
Poussez d'vn aiguillon de volupté future:
Car, dictes moy, comment ce diuin animal
Pourroit executer vn acte si brutal?
Voyant l'impureté & le sale equipage
Destiné pour seruir à faire tel ouurage?
Mais quel homme se voudroit en ces lieux se touiller,
Et en si sale esgout s'amuser à fouiller?

N'estoit qu'vn grand plaisir tels membres accompagne
Tant que dure l'assaut de la basse campagne
Entre les deux partis, vaillamment endurcis
A combattre, de peur que le choc soit surcis.
Qui seroit, qui seroit celle femme si folle
Qui voudroit carresser d'vne accolade molle
Vn mary tout bruslant, & qui seroit espris
Des feux de Cupidon & flammes de Cypris ?
N'estoit qu'vn grand plaisir doucement la chatouille
Lors que Mars de Venus conqueste la despouille.
Car si elle pensoit aux tranchantes douleurs,
Aux trauaux perilleux, & lamentables pleurs,
Qu'elle doit supporter tant au iour comme à l'heure
Qu'au monde elle mettra sa chere geniture,
Cela la matteroit, & ces feux allumez
Seroient en vn instant & nez & consumez:
C'est pourquoy au coït vn plaisir agreable
Des membres genitaux se rend inseparable
Afin de donner goust, & gayment recreer
L'homme qui de soy veut vn homme procreer.
Deux sexes sont requis pour que l'humaine couple
Sous les loix d'vn Hymen licitement s'accouple
En la crainte de Dieu : aussi le genre humain
N'a esté sans raison de la sçauante main
De nature party & en homme & en femme,
Lesquels s'entreioignans de corps, d'esprit, & d'ame,
Par le doux fruict d'amour soulagent les douleurs
Que la fascheuse absence engendroit en leurs cœurs :
„ Rien n'a esté ça bas en vain à l'auanture
„ Produit, & façonné de la sage Nature,

„ Tout est faict au compas, tout se regle au niueau,
Tout est bon & parfaict, tout est vtile & beau.
Mesme ou Lambris doré, ceste iumelle flamme
Le Soleil & la Lune, au ciel d'Homme & de Femme
Porte les vrais pourtraicts : ils se vont entre-voir
Et par leur ioincte, icy se vient à conceuoir,
Et naistre toute chose, où prennent nourriture
Arbres, herbes, metaux, mesme la pierre dure,
Veufs de vie & d'esprit & de sens despourueus,
Et qui ont neantmoins tous vn amour entr'eux.
L'Homme qui mesprisant la nature feconde,
A la Femme à desdain comme vne chose immonde,
Qu'est-il à la parfin qu'vn homme qu'à demy?
Et du plus grand soulas de la vie ennemy?
Vn sauuage animal, ombrageux, solitaire,
Fantasque, frenetique, à qui rien ne peut plaire
Que le seul desplaisir, né pour soy seulement,
Priué de corps, d'esprit, d'amour & sentiment.
Renaistre il ne se void en des viues medailles
De ses enfans, lesquels apres ses funerailles
Engendrans leurs pareils, taschent de main en main
Tousiours perpetuer le mortel genre humain.
„ Mal-heur à celuy-là qui vit sans compagnie,
„ Car s'il tombe vn chacun son secours luy denie.
„ Le lacs à simple corde est bien plus tost cassé
„ Que quand à filet double il est entrelassé.
Et la femelle aussi qui vit de telle sorte,
Qui clost à l'amitié de ses pensers la porte,
Quel doux contentement viuant tousiours ainsi
Aura-elle, n'ayant qu'vn cœur rogue & transi?

Quand le temps passager racourcira les aisles
D'vn cœur si dédaigneux, quand de ses iouës belles
Les lis meslez de rose à coup se flaistriront,
Et que se froncera ceste plaine de front
De rides seillonné, & que la cheueleure
Se blanchissant perdra du bel or la pareure,
Et ce Coral sanguin en ses leures blesmy,
Le change luy dira du temps son ennemy,
Qu'il n'y a rien plus doux que de se voir seruie
D'vn qui la prise plus que ses yeux, ny sa vie,
Entendre ses pensers, luy dire ses desirs,
Porter esgalement le dueil, & les plaisirs,
Le courroux gratieux, l'esperance, & la crainte,
Lire sa paßion sur son visage empreinte,
Le voir perdre en soy mesme, en elle se trouuer,
Et les douceurs du ciel sur la terre esprouuer:
Sans tromper vainement la fleur de sa ieunesse,
Qui vne fois passée, vn regret luy delaisse
Da se voir sans mary, & sans quelque enfançon
Des vieilles le soustien & fidel estançon:
Que la raison tousiours luy tienne compagnie,
,, Qui Nature ne suit mal-heureux est sa vie:
Dieu mesme a ordonné le marital lien,
Pour moderer l'ardeur du brandon Cyprien,
Sans estre vagabond: voyons donc l'edifice
Du sexe masculin tout remply d'artifice,
Que ie veux demonstrer, pour faire voir à l'œil
Des membres masculins le tres-bel appareil.
Puis nous estallerons l'humaine marchandise
Du sexe feminin remply de mignardise.

E

De chercher les secrets de l'enclos Vterin:

Or ie iuge à part moy qu'il est bien à propos
Suiuant le vray dessein de mon premier propos,
Que d'vn soing curieux promptement ie commence
A chercher les vaisseaux preparans la semence,
Qui sont quatre, sçauoir de chaque costé deux
Des deux troncs descendans emanez & promeus,
Excepté qu'au Renal la spermatique veine
Gauche, va suçoter la seminale graine:
Or tous ces preparans du ventre estans sortis
S'allient deux en vn, & forgent vn tortis
En fleaux de vigne faict, de la veine & artere
Que reduist en vn corps le muscle Cremastere:
Dans ces plus tortillez, & dedaleux contours
De chemins embrouillez, de retours, & destours,
Le sang est esbauché, & par vne influence
Des Tesmoins il acquiert ia forme de semence:
Puis ces quatre vaisseaux sont vnis & conioincts
En vn corps variqueux tout au bout des Tesmoins
Parastate nommé, qui blanchist & colore
Le sang qui par des trous finement s'incorpore
Dans le corps des Tesmoins, afin d'y conquerir
Ceste fecondité qu'il y veut acquerir:
Et lors rendre fecond, retourne és Parastates
Qui le poussent à mont dans les seins, & Prostates
Par deux fort blancs canaux qui se vont inserer
Et dans ces cauitez le sperme deferer,
Où il est reserué iusqu'à tant que nature
Pour vn congrés en ait faict bonne fourniture,
Et qu'il soit espaissi, puis par l'eschauffaison,
Le prurit chatouillant, & la demangeaison,

Qu'il acquiert en ce lieu par obiects veneriques,
Alimens chaleureux, ou par discours lubriques,
Par vn canal longuet à ceste fin tendu
Dans la matrice il est au coït espandu:
Ce canal aboutist en la verge virile,
Pour rendre le congrez plus commode & facile:
Ja tout le monde sçait la collocation
La forme, la grandeur, & scituation,
De ce membre viril, que ie ne veux deduire,
Car ie veux seulement m'amuser à descrire
Sa composition, de deux nerfs cauerneux
Vn de chaque costé, rares & spongieux,
Courant de l'os Barré tout le long de la Verge,
Entre lesquels mucé le Pissotier s'heberge,
Couuert d'vn beau couplet de muscles tout du long
Depuis l'os du Penil, puis deux muscles s'en vont
Collateralement tirer deuers la teste,
Où par necessité l'vn & l'autre s'arreste,
Le Couplet de dessus faict la Verge dresser
A cause des espris qui se vont adresser
Au corps ligamenteux, qui les garde & recelle
Parmy ces filamens: l'autre l'vrine expelle,
Et dechasse dehors à l'heure du coït
Le Sperme eiaculé dans l'Vrinier conduit:
Outre plus on y void des veines, des arteres,
Et des nerfs à foison qui luy sont tributaires,
Luy fournissans d'esprits pour mieux son corps enfler:
Et de flaque & ridé le roidir & confler:
D'vne nerueuse peau la Mentule est couuerte,
Et de cuir par dessus encores recouuerte

Fors qu'au Gland vermeillet, que le cuir rebrousſé,
Ceint du redoublement du Prepuce trouſſé,
Deſſous lequel paroiſt ceſte rouge guirlande
Qui couronne d'vn tour la baze de la Glande;
Et le Frein qui retient d'vn filet delié
Le Prepuce douillet à la glande lié.
C'eſt aſſez diſcouru de ceſte particule,
Retrogradons au corps de chaque teſticule
Afin d'y confronter ſes fidèles teſmoins,
Qui ſans reproche ſont enfermez neantmoins
Dedans vne priſon, ſous la piece honteuſe,
D'vne Bourſe de cuir, & tunique Darteuſe,
Et reſerrez encor de deux tayes à part,
Comme dans vn cachot, l'vn de l'autre à l'eſcart.
L'Elitroïde tient en ſa rouge bicoque
Le Teſmoin enfermé comme dans vne coque,
Et la Dure deſſous immediatement
Nerfueuſe reueſtiſt d'vn tres-dur veſtement
Leur chair propre, qui eſt friable & cauerneuſe,
Prolifique de ſoy, blancheaſtre & gromeleuſe,
Ces Teſmoins bien couuerts & de tayes cachez,
Sont au corps variqueux pendus & attachez:
Chacun ſçait leur grandeur, chacun ſçait leur figure,
Leur nombre Didimal, & leur temperature:
Ce ſeroit trop en vain du loiſir abuſer
Que de vouloir icy ſur ce poinct s'amuſer:
Du ſexe maſculin maintenant vous ſuffiſe,
Car ie veux tout d'vn fil ſuyure mon entrepriſe.

FLEVRON III.

DES PARTIES GENITALES des Femmes.

Ia le profond sommeil dans le fleuue Oublieux
Auoit puisé de l'eau pour arrouser mes yeux,
Les voilant de la nuict: & mon ame endormie
Iouyssoit du repos, quand Dame Anatomie
Courant d'vn pas aislé vers moy pour m'esueiller,
Hautement s'escria, quoy faut-il sommeiller?
Quoy faut-il, Gerberon, faut-il dormir encore?
Ja dans le ciel doré paroist la blonde Aurore?
Ne deurois-tu pas rechercher curieux
Du sexe feminin les secrets precieux?
Et demonstrer à l'œil l'excellente structure
Admirable sur tout de l'antre de Nature?
Ne deurois-tu pas sans estre paresseux
Dissequer d'vn rasoir tout cet antre mousseux?
En vain t'auray-ie prins dessous ma sauue-garde,
Si descrire ne veux ceste grotte mignarde:
Sus sus esueille toy, prends ton rasoir en main,
Afin de dissequer sans attendre à demain.
Alors ie m'esueillay tout comblé de tristesse,
Farcy de mil ennuys accusé de paresse,
Et si pour dire vray respondre ne sçauois
Aux accens furieux de la criante voix,

Tant i'estois estonné d'entendre à mon oreille,
Ceste Dame aux beaux yeux de vertu nompareille,
Elle cognoissant bien qu'vne tremblante peur
Glissoit en la voyant au profond de mon cœur,
M'encourage aussi-tost, me disant ne crains mie,
Ne me cognois-tu pas? ie suis Anatomie:
Apprendre ie te veux le sacré bastiment
Du sexe feminin, & leur compartiment,
Je t'y veux demonstrer la merueille secrette
Que porte dans son corps la moindre femmelette:
Ceste nuict par hazard vn corps i'ay recouuert,
Je veux que de tes mains ores il soit ouuert,
Le temps est opportun, la saison est commode,
Et la rigueur du froid à nos veux s'accommode,
J'y guideray ta main, & conduiray tes doigts
Si tu veux m'obeyr tout ainsi que tu dois.
Elle eut dict, & soudain d'vne tranchante lame
J'ornay ma dextre main pour complaire à la Dame,
Et d'vn graue maintien hardiment i'ay tenté
D'ouurir artistement le subiect presenté,
Ou ie feis à l'instant tres-fidele monstrée
Des membres nutritifs de la basse contrée
Sans rien en deschirer : puis ie pris mon chemin
Vers les membres secrets du sexe feminin:
Lors elle en sous-riant feist signe de la teste
Que ie misse en effect les fins de sa requeste:
J'y taschay d'obeyr, & de tout mon pouuoir
D'executer son vueil ie me mis en deuoir,
Recherchant sur le champ auecque diligence
Les vaisseaux preparans, & quelle difference

Ils ont des masculins, ie les trouuay plus cours,
Mieux couuerts, biaisans, & plus froncez de tours,
Dont la maieure part va dans le Testicule
Porter le sang blanchy qu'il accepte & stipule
Pour le rendre fecond, d'où repart vn conduit
Gros, court, & refroncé, qui viste le conduist
Par vn chemin fourchu, tantost à l'orifice
Interieur, tantost au fond de la Matrice,
Sur lequel aux costez sont deux tesmoins perchez,
Vers les muscles Lumbaux en arriere panchez,
D'vne peau reuestus, qui de rare texture
Different des virils en grandeur & figure.
Si tost que de trancher ie me fus ingeré
Le fond de l'Amary d'vn Scapelle aceré,
Et me fus affuté pour faire l'ouuerture
Par le fond membraneux de l'antre de Nature,
Elle arresta ma main, & me dist, ie ne veux
Que tu commance au fond de l'antre vergongueux,
Ains que deuant mes yeux tu cherche son entrée
Sous le mont de Venus, où elle est rencontrée.
A peine son discours estoit-il terminé,
Qu'en ce lieu ie me suis soudain acheminé;
Où estant arriué i'y contemple & regarde
Le frontispice exquis de la grotte mignarde,
Et son rouge pourpris, commençant par dehors
A descouurir à l'œil ses recelez tresors.
Là se void tout de front sans que l'on se guermente
La Mote, le Penil, les Leures, & la Fente,
Où sont cachez dedans deux Aillerons honteux,
Et l'Vrinier conduit qui finist entre eux deux,

Puis dessous tout cela, l'on void quatre parcelles,
Entre elles fermement conioinctes és pucelles,
Qui ressemblent fort bien au bouton vermeillet
Demy espanouy d'vn doux-flairant œillet:
C'est la marque d'honneur, la fleur du pucelage,
Le tant celebre Hymen, c'est le virginal gage
Qui se pert au congrés, & ne reuient iamais,
Car ces petites chairs ne peuuent desormais
Se reioindre depuis qu'elles sont deflorées,
Ains restent par apres en quatre separées.

En haut vers le Penil la Clitoris paroist,
Qui si vilainement en d'aucunes s'accroist,
Qu'il en faut retrancher ceste grandeur enorme
La reduisant par art à sa pristine forme:
Du membre masculin elle est faicte au niueau
De muscles & de nerfs, petite, & sans tuyau:
Par son attouchement elle esueille & suscite
L'appetit de Venus engourdy qu'elle irrite.

Quand i'eus ces chairs ouuert, pour passer plus auant,
Et me rendre en cecy plus docte & plus sçauant,
J'apperçeu sans bouger le sein de la vergoigne
Qui par dedans douillet en rides se refroigne,
Pour mieux enuelopper le viril instrument
Dans la creuse longueur d'vn ioyeux monument
Qui se va terminer à l'interne orifice
(Presque tousiours fermé) de la noble Matrice.

Or quand ie fus venu au fin fond de ce champ,
En deux ie le coupay d'vn aceré tranchant,
Pour mieux considerer la belle architecture
Du sacré cabinet de la mere Nature,

Ie n'y trouuay pourtant qu'vne capacité,
Et la Ligne qui fend en deux la cauité:
Bien qu'on disse tousiours que souuent on esbauche
Le masle au costé droict, & la femelle au gauche,
Des deux spermes meslez, qu'auide elle reçoit,
Les fermente, contient, les réchauffe, & conçoit,
C'est là que l'Embrion reçoit sa nourriture,
Qu'il vit, croist, & reçoit forme de creature,
Iusqu'à tant que chetif il soit en pleurs esclos
Au temps determiné de l'vterin enclos:
Ie demeuray panthois quand ie vis l'edifice
Membraneux & ridé de toute la Matrice
Afin de se pouuoir estendre & reserrer,
Et de tous les costez l'Embrion enserrer,
Elle est faicte en effect de deux grosses tuniques,
De filamens tous droicts, trauersans, & obliques,
D'Arteres, & de Nerfs, & Veines à foison
Qui font ensemblement sa seconde cloison,
Que quatre ligamens de façon admirable
Rendent, sans rien forcer, en son lieu ferme & stable,
Deux la tirent en haut en ses Cornes plantez,
Et deux rouges en bas és costez implantez,
D'vne poire elle tient la figure rondette
Longue à l'equipollent de couleur vermeillette:
A tous membres du corps, soit par reflexion,
Soit par propres vaisseaux, elle a connexion.
Ie n'auois pas encor imposé le silence
A ma langue, touchant ceste magnificence,
Ny mes mains ne vouloient encore mettre fin
De chercher les secrets de l'enclos Vterin:

Quand, à mon grand regret, vers la voute aZurée
S'eclypsa de mes yeux ceste Dame honorée,
Me laissant là tout seul fouiller les beaux tresors
De ça de là reclus au reste de ce corps.

FLEVRON IIII.

DES PARTIES THOrachiques.

PVisque i'ay iusque icy déchifré l'Epigastre,
Et les mẽbres secrets flãqueZ en l'Hypogastre,
Et que fidelement ie vous ay demonstré
Tout ce qui s'est dehors & dedans rencontré:
N'est-ce pas la raison que dedans la poictrine,
Domicile du Cœur, soudain ie m'achemine?
Suyuant l'ordre prescript de la necessité
Que ie tiens, & non pas celuy de dignité:
Il ne faut plus tarder, il faut que ie m'aduance
D'exposer en public la vitale cheuance,
Leuant de prim'abord six communs tegumens,
Et puis soixante cinq musculeux instrumens,
Tant propres que communs, qui deuant & derriere
L'inuestissent de pres de leur molle barriere,
Se cramponnans aux os campeZ de toutes pars
Pour borner le circuit des pectoraux rempars,
Que la Pleure dedans vestist & encourtine
AsseZ godiment de sa blanche courtine.

Mais auant que d'entrer dans le seiour natal
Et sacré cabinet du principe vital,
Ie me veux arrester quelque peu aux Mammelles,
Qui paroissent bien moins és Masles qu'és Femelles,
Ausquelles on les void comme deux mõts iumeaux
S'esleuer dans le sein, my-spheriques, & beaux,
Grossets, & rebondis d'vne chair gromeleuse
Assez blanche en couleur, fort rare, & glanduleuse,
Où quelque portion de sang estant distraict
Des vaisseaux, y acquiert la substance du laict.
Au sommet de ces monts on peut voir à son aise
Les petits Mammelons rouges comme vne fraise,
Que l'enfant pour son bien tasche de suçoter,
Et mille fois le iour cherir & baisoter:
Ces deux monts potelez ont tres-grande alliance
Au corps de l'Vterus & son appartenance.
Apres qu'on a leué les muscles & les os
L'on void puis clairement les membres sans repos
Arteres & Poulmons, le Cœur & Diaphragme
Qui meuuent sans cesser, tant qu'au corps bat nostre Ame.
Le Diaphragme faict sans contraincte aspirer,
Et sans violenter l'air entré respirer,
Faisant diuision de la region basse
D'auecque le Thorax qu'il separe & compasse:
Le Phrenes est construict d'vn cercle membraneux
Que circuist tout au tour l'autre cercle charneux,
Tous deux bien reuestus en bas du Peritoine
Et de la Plevre en haut commodément idoine:
Il est en deux endroicts tout outre pertuisé,
Et d'arrousans vaisseaux, & de nerfs courtisé,

Et si ie vous promets que quand on le pourtraye
On luy donne tousiours figure d'vne Raye.
Muse qui ne crains point d'Atropos la rigueur,
Fauorise mes sens de nouuelle vigueur,
Et me sers auiourd'huy sur la mer où ie flote
De fidele Patron, & tres-docte Pilote,
De peur que mon esquif de l'orage agité,
Ne soit parmy les flots du Cœur precipité,
Que i'admire aussi bien que faisoit Aristote
De l'Euripe Eubœan l'ondeuse vireuolte,
D'où ne pouuant en soy comprendre le secret
Confit en desplaisir en mourut de regret.
Du mouuement du Cœur la cause principale
Est, selon mon aduis, la faculté vitale.
Qui de l'Ame depend, & que l'Ame entretient
D'vn chaud perpetuel, qui dans le Cœur se tient
Pour forger des esprits, iusqu'à tant que la vie
Soit de la pasle mort secrettement rauie.
Qui seroit celuy-là, qui d'vn œil pur & net
Ne voudroit œillader ce vital cabinet?
Qu'embrasse tout au tour le nerueux Pericarde,
Et comme en vn estuit le conserue & le garde,
Reseruant entr'-eux deux quelque serosité
Qui tempere du Cœur la chaude qualité:
Là l'autheur de l'esprit, & faculté vitale,
Au milieu du Thorax tient sa couche royale.
Faicte en pomme de pin, dont la pointe est en bas,
Et la baze est en haut que courronnent d'vn lacs
Deux arteres, auec la veine Coronaire,
Pour mieux nourrir sa chair de leur suc debonnaire:

La ſubſtance du Cœur eſt vne propre chair,
Des trois fibres tiſſuë, & ſolide au toucher,
Ceinte tout à l'entour d'vne ſimple Tunique
Dedans laquelle en haut force graiſſe s'implique,
L'on trouue en ceſte chair deux grandes cauitez,
Qui contiennent le ſang dans leurs capacitez,
Où l'on peut remarquer en ſes deux Ventricules
De quatre beaux vaiſſeaux les Bouches & Valuules.
Le Ventricule droict reçoit le ſang venal,
Au gauche eſt contenu le ſang arterial:
Au Ventricule droict le ſang venal s'ebauche
Et ſe rend plus ſubtil pour couler dans le gauche:
Le Ventricule droict eſt bien plus ſpacieux
Que celuy qui contient le ſang arterieux:
Le gauche plus petit a pour ſa recompenſe
La chair des enuirons plus ſolide & plus danſe,
Et produiſt en dehors deux inſignes vaiſſeaux,
Diuiſez puis apres en infinis ruiſſeaux:
Le plus petit des deux eſt l'Artere Veneuſe
Qui tranſporte és Poulmons la vapeur plus fumeuſe,
Et en attire l'air en iceux eſgaré,
Et tres-fidelement pour le Cœur preparé:
L'autre plus grand vaiſſeau eſt celle Artere Aorte
Qui l'eſprit par le corps & ſang vital emporte,
Arrouſant ça & là tous les membres diuers
Du petit abregé de ce grand Uniuers.
Du Ventricule droict la Veine Arterieuſe
Guide dans les Poulmons ſon humeur gracieuſe,
Et la Caue montant verſe dedans le Cœur
Ou ventricule droict ſa pourprine liqueur,

Là l'on doit contempler dedans son emboucheure
Trois Guichets Triglochins qui closent l'ouuerture
Quand le sang est receu, de peur de retourner
Derechef dans le tronc encore seiourner:
Deux autres tels guichets dans l'Artere veneuse
Ensemble demy-ioincts tiennent sa bouche creuse
My-ouuerte tousiours, afin de mieux laisser
Tant l'air ia preparé, que sang vital passer.
Les deux autres vaisseaux ont dans leur orifice
Des portillons bastis d'vn tout autre artifice
En la forme d'vn C, vers les vaisseaux ouuers,
Pour empescher du sang dans le cœur le reuers.
L'Artere est de iouyr de trois fort curieuse,
Autant en veut auoir la veine Arterieuse.
   Dans la base du Cœur deux Orillons charneux
Fort polis en debors, & dedans raboteux,
Moderent en leur creux la trop prompte affluance
Soit de l'air, soit du sang qui dans le cœur s'aduance.
   Or ainsi que le feu soudainement s'estainct
Lors qu'en vn lieu sans air il est clos & restraint:
De mesme la chaleur naturelle s'estouffe,
Quand luy manque au besoin la respirable estouffe
Qu'atirent les Poulmons rares, & spongieux,
En Lobes departis, amples, & spacieux,
Campez autour du cœur dans la vaste poictrine
Pour temperer l'ardeur de sa flamme diuine,
Qui r'enuoye aussi-tost ses fumeuses vapeurs,
Indignantes odeurs, & greuantes touffeurs,
Par le mesme canal de l'Artere veneuse,
Parsemee au deuant dans leur chair escumeuse

Presque sans sentiment, couuerte d'vne peau
Iaune-brune en couleur tirant sur le rousseau;
Par derriere és Poulmons la veine Ateriale
Disperse ça & là son humeur cordiale,
La Trachee entr'eux deux diuarique son cours,
Par où la voix ressort, l'haleine, & le discours,
Dans le col où deuant ceste artere Trachée
Est au bas du Larinx penduë & attachée,
Des cartilages mols l'vn sur l'autre entassez
Sigmoïdes au haut par ordre compassez,
Et de ronds par à bas ceste fleuste est tissuë,
Pour donner tant à l'air qu'aux vapeurs libre issuë.
Sur elle le Larinx ou Col est situé,
De Cartilages mols aussi constitué,
Dont le nombre est de trois, le premier Tiroïde,
L'Annulaire tout rond, & l'Aritenoïde,
Qui font conioinctement la voix organiser,
Et variablement prononcelotiser:
Pour mouuoir ce Larinx organe de musique,
L'on void sept beaux couplets, le premier dict Bronchique
Naissant du haut Sternon court à mont s'inserer
Au bas de l'escusson, pour le mieux resserrer:
L'autre second couplet est l'Hyotiroïde,
Qui descendant de l'os s'insere au Tiroyde,
Ces couplets sont communs: cinq propres sont expres
Ordonnez pour l'ouurir ou refermer apres,
Parmy ces muscles-cy les petites branchettes
Des deux Nerfs recurrens cointes & ioliettes
Se respandent par tout, afin de faire mieux
Retentir à la voix vn son meliodieux.

Le corps hederiforme, & mol de l'Epiglotte
Couure tout de son long la fente dicte Glotte
Au sommet du Larinx, pour la voix moduler
Armonieusement, & bien l'articuler.
Derriere le Sifflet le conduit & passage
Du boire & du manger qu'on appelle Oesophage,
Long, rond, creux, membraneux, basty tout au niueau
(Fors sa rouge couleur) d'vn long creusé boyau
Du destroit guttural descend au ventricule,
Dans lequel l'aliment il porte & accumule.
Vers le milieu du corps de ce Porte-manger
Quelques Glandes s'en vont en bon ordre ranger,
Pour appuyer son corps, & mouiller les viandes
De quelque humidité contenuë en ces Glandes:
Ce canal est doué d'arteres & de nerfs,
Et de veines aussi de long & de trauers:
Deux muscles menuets viennent du Cartilage
Tiroyde entourer le haut de l'Oesophage.
Le reste des vaisseaux & des membres du col
Est ailleurs expliqué sans fraude ny sans dol,
Chacun en son traicté, c'est pourquoy à cest heure
Au col ie n'ay voulu faire longue demeure.

FLEVRON

FLEVRON V.

DES PARTIES DE LA TESTE.

Bien que sur Helicon souuent ie n'aye esté
Pour dorer mon discours d'vn langage affeté,
Ny sur le double mont où Phœbus se retire,
Pour m'acquerir soudain la grace de bien dire.
Bien qu'assez rarement i'aye gousté des eaux
Qui coulent sans cesser des Cabalins ruisseaux:
Et humé peu souuent dans ma froide poictrine
La diuine liqueur de la fontaine Ascrine.
Vranie pourtant m'a bien daigné darder
Un regard de ses yeux, pour mieux contregarder
Mes sens alangouris, & charmer mon courage,
L'enflãt d'vn saint espoir d'accomplir cet ouurage,
D'elle aymé tout à faict: car i'ay veu maintefois
Ma langue s'arrester, & me manquer la voix
Quand d'vn stile gaillard ie taschois de descrire
Tous les membres sacrez de l'vn & l'autre empire,
Qu'elle me confortoit me voyant ia recreu
De ce trauail plustost que ie n'eusse pas creu,
M'asseurant que mal-gré la tempeste & l'orage,
Au port ie le verray sans hazard du naufrage.
Ce n'est encore faict, il ne faut estre las,
Car il faut attenter au chasteau de Pallas,

Et les contregarder d'ordure & de poussiere;

Et s'aprester soudain à faire la conqueste
Des organes des sens, & de toute la Teste.
Mais auant que d'entrer au Donjon, nous conuient
Dissequer dextrement, ainsi qu'il appartient,
Les parties qui sont produites de Nature,
Pour seruir au Cerueau de propre couuerture,
Ou communs tegumens : dont le Poil est premier
Pour ornement du chef, Qui voudroit desnier
La grande vtilité des Cheueux qui empeschent
Le froid exterieur, & aussi qui dessechent
L'humidité que faict la tierce coction
Dont ils sont engendrez de quelque portion?
Moyennant la chaleur qui pousse moderée
Les vapeurs à la peau poreuse & temperée?
En ce lieu le Faux cuir a beaucoup d'espaisseur
Plus qu'au reste du corps & bien plus de grosseur,
Mais le Cuir n'y a pas la vertu sensitiue,
Tant qu'es autres endroicts si exquise & si viue.
Le Panniculè espais & sans graisse charneux
Adhere fort au Cuir de son corps musculeux,
Dessous lequel on void le tenue Pericrane
Enuironner par tout la fabrique du Crane,
Les os duquel i'ay mis cy-deuant autre part,
En vn propre traicté pour y auoir esgard :
Le Crane estant scié vous voyez la Membrane
Lisse vers le Cerueau, & rude vers le Crane
Par au trauers duquel elle enuoye dehors
De petits filaments pour composer le corps
Du Pericrane mol, la Nature s'esgaye
En la forme & façon de ceste Dure taye,

Trouée en plusieurs lieux & redoublee au haut
En la propre façon d'vne petite faux,
Qui diuise en deux parts la portion cendreuse
Du Cerueau variqueux, & non pas la calleuse:
Derriere elle depart le petit Ceruelet
Pour la maieure part du Cerueau rondelet,
Où de quatre replis faict là quatre cuuettes,
Afin de reseruer dans ces belles tinettes
Le sang qui des vaisseaux Iugulaires se rend
Au creux de ces conducts, dans lesquels il s'espand,
Donnant par ce moyen librement nourriture
Aux membres contenus en ceste Mere dure.
Dessous laquelle gist l'autre mincette Peau
Qui couure sans moyen tout le corps du Cerueau,
Et par plis tortilleux penetre en sa substance
Iusqu'és lieux plus profonds pour faire resistance,
Et seruir de milieu entre la dure peau
Et le corps fort mollet de l'humide Cerueau.
Las! que n'ay-ie vn torrent de diserte eloquence
Pour exprimer à poinct la Diuine excellence
Du sublime Cerueau? vray pere & geniteur
De l'esprit Animal duquel il est autheur?
Et qui tient enserré dedans son consistoire,
L'Imagination, la Raison, & Memoire.
Qui ne seroit rauy, voyant l'inuention
Dont Nature se sert en sa construction?
Car si l'on iette l'œil sur sa ronde figure,
Sa situation, & sa temperature,
Sur ses plis tortillez, sur sa fecondité,
Son mouuement, couleur, & son vtilité:

Bref si vous contemplez ses voutes lambrissees,
Ses belles cauitez richement tapissees
De Choroïdes plis, vous pourrez dire lors
Qu'en ce lieu sont forgez les animaux tresors,
Et que tous les cinq sens tirent leur origine
Par le moyen des nerfs de sa souche argentine,
Que ie veux d'vn rasoir discretement ouurir,
Et sans confusion promptement descouurir,
Trenchant deux doigts auant sa substance cendreuse,
Penetrant quelque peu dans la blanche & caleuse,
Jusqu'aux Ventres iumeaux, nommez Anterieurs,
Que nous appellerons plustost Superieurs,
Excellemment tracez dessus le formulaire
Du circuit spacieux & tour Auriculaire:
Distincts & separez par vn bel entre-deux,
Diaphane, luisant, & tendu entr'eux deux.
Dans ces deux Ventres-là l'Artere Carotide
Grauist pour y former le Lacis Coroïde,
Où sont elaborez quelques esprits vitaux,
Desquels sont engendrez des esprits Animaux,
Qui descendent en bas au Ventre troisiesme
Pour se parracheuer, & dans le quatriesme
Où ils sont accomplis, puis par sentiers diuers
S'espandent ça & là par le moyen des Nerfs:
Or de peur que le corps du Cerueau ne s'affaisse,
Et sur le Ventre tiers brusquement ne s'abaisse,
Vn petit Corps vouté basty comme vn trepied,
Tout ainsi qu'vn Atlas soustient son fais en pied.
Sous ce Trepied vouté gist le tiers Ventricule,
Qui forme deux conduicts, l'vn desquels se recule

En deuant, pour fournir de passage & chemin
Au morueux excrement qui decoule au Bassin,
Et de là est humé du Gland Pituitaire,
Pour estre reserué dedans ce promptuaire,
Iusqu'à tant qu'iceluy s'en vueille descharger,
Et par dans le Palais gentiment s'en purger:
Par le second meat l'esprit Animal entre
Pour se rendre parfaict au quatriesme Ventre,
Où l'on doit remarquer autour de ce conduit
Le beau Conarion qui donne sauf-conduit
A l'esprit Animal, & les deux blanches Fesses,
Et pres d'elles encor deux Testiformes pieces:
Ou Ventricule quart le petit Ceruelet
Faict vn procés ridé comme vn vermicelet.

Ce petit Ceruelet est dix fois beaucoup moindre
Que le corps du Cerueau, auquel on le voit ioindre
Par le bas seulement, & qui posterieur
Tient son temperament, sa substance & couleur,
Fors qu'il est quelque peu plus dur & plus solide,
Et dehors, non dedans, il se fronce & se ride,
Et auquel vous diriez qu'on auroit adiousté
Deux beaux petits boulets, vn de chaque costé,
Et entre ces boulets deux belles Epiphises
Tout au fin beau milieu, vermiformes & grises,
Afin de conseruer mieux l'esprit Animal,
Sensitif & motif, lequel descend à val
Par le Cordon sacré, qui prend son origine,
Son estre, son estoc, & sa source iuoyrine,
Tant du corps prolongé du Cerueau grandelet,
Que du tronc argenté du petit Ceruelet.

Mais auant que sortir de l'Oulle de la teste,
Cinq beaux couplets de nerfs aux enuirons il iette,
Pour influer les sens aux organes voisins,
Et donner sentiment aux lieux circonuoisins.
L'Optique separé vers sa large racine,
Se ioinct en confondant sa moëlle argentine,
Puis separé s'en va par dans vn antre creux
Porter l'esprit visif dans le centre des Yeux,
Autour du Cristalin produist, engendre, & forme
Par dilatation la taye Retiforme.
L'Oeil mouuant est second, le tiers est Gustatif,
Le quart court au Palais, le quint est Auditif,
Le six est Vagabond puis qu'on ne void entraille
Dedans le corps humain où ce nerf ne s'en aille,
Il faict les Recurrens, à la Langue le sept,
Et aux muscles voysins se consume & se perd.
Ce cordon Argentin sort mollet du derriere
Des deux troncs bien couuert de l'vne & l'autre Mere
Et glisse par vn trou du Tais, dans les cachos
Emmurez tout au tour de ligaments & d'os,
Ensemble cimentez tout le long de l'Espine,
Bastie à la façon d'vne longue carine,
D'où taschant d'issir hors par les pertuis ouuerts,
Disperse dans le corps trente paires de nerfs.
Je ne compte pour nerfs les procés Mammilaires
Organes du flairer qui sont depositaires
De toutes les odeurs, & de cet air nouueau,
Matiere des esprits engendrez du Cerueau.

FLEVRON VI.

DES PARTIES DE la Face.

QVoy? ne vaut-il pas mieux que i'affile ma langue
Pour dresser vn discours, & faire vne harangue
Du Visage vermeil? ayant expedié
Le principe des sens sans estre attedié,
,, Ce trauail est bien grand: mais tres-douce est la peine
,, De ce qu'on prend à gré, quoy que l'on entreprenne:
,, La fortune aux hardis prodigue son secours,
,, Et non pas aux craintifs qu'elle chasse au rebours.
Il faut franchir le sault, faut que ie m'estudie
D'expliquer les cinq sens de Nature hardie:
Mais auant qu'en ces lieux ie me puisse embarquer,
Ie veux sans perdre temps promptement remarquer
La beauté, le maintien, le por, & bonne grace,
Que l'on peut contempler par dehors en la face:
Le faste est aux Sourcils, & l'attrayant amour
Es deux astres brillans semble tenir sa cour,
Le maintien au Menton, au NeZ la preuoyance,
Es Iouës la pudeur, & au Front la prudence:
Bref par la Face on peut faire fidel raport
Des signes predisans ou la vie ou la mort.
Si d'ordinaire on met la bonne sentinelle
Au lieu plus eminent du fort ou citadelle,

Pour faire mieux le guet, & d'vn fidele soing
Descouurir l'ennemy tant aupres comme au loing,
Et l'ayant recogneu, que d'vne voix criarde
Elle fasse sçauoir soudain au corps de garde,
Pour y remedier en le contre-quarrant
Et ses pretentions promptement rembarrant.

Ce n'est pas sans raison que la mere Nature
A mis en vn lieu haut auecque soin & cure
Les Yeux, astres iumeaux, dans deux forts bastions,
Afin de luy seruir d'afidez espions,
Qui puissent l'aduertir en tout ce qu'est visible,
De pourchasser le bon & fuyr le nuysible:
Ils sont parmy des monts en vn vallon posez,
Et de membres diuers bastis & composez:

L'on trouue dedans l'Oeil six tayes deliées,
Qui tiennent les humeurs conioinctement liées,
De peur d'effusion, de diuerse couleur,
Diaphanes pour mieux perceuoir la lueur,
Qui par leur transplendeur font r'asseurer la veuë,
Pour l'image imprimer de l'espece receuë,
Et refrenent aussi cet esprit visuel
Qui seroit dissipé d'vn flux perpetuel,
La Blanche, la Cornée, Vuée, Aragnoïde,
L'Amphiblestroeïde, & la Hyaloïde.

Puis dans le vaste creux des Tuniques des Yeux
Sont trois nobles Humeurs, membres tres-precieux,
Et tres-riches ioyaux : au deuant est l'Aqueuse,
Le Cristal au milieu, derriere est la Vitreuse.
Cet Oeil longuet & rond tourne de tous costez,
Selon que nous voulons regir nos volontez,

Par six

Par six muscles iolis, l'vn bouffy d'arrogance
Faict l'Oeil en haut virer, & sa circonference
Que l'Humble tire en bas, vers le nez l'Abducteur,
Aux costez de trauers le rude Indignateur,
Parmy ces quatre droicts deux prennent leur racine
Obliques Amoureux, qui monstrent à leur mine
Que le brandon d'amour, & ses brasiers cuisans
Estincellent assez en ces astres luisans,
Tous ces six Oeil-moteurs prennent dedans l'Orniere
Assez profondément leur naissance premiere,
D'où quatre s'en vont droicts és tuniques miner
Chacun en son canton allant se terminer:
Le plus grand Amoureux passant par la poulie
Du grand Angle, és costez de la Blanche se lie,
Et le petit issant de l'Angle interieur,
Va transuersalement au Canth exterieur.
Outre plus dans les Yeux le premier nerf Optique,
Des esprits Visuels estalle la boutique:
Le second Oeil-moteur depart esgalement
Es muscles ses Rameaux pour donner mouuement,
Quelques tuyaux veineux menus & capilaires
Sont aux Yeux enuoyez des veines Jugulaires:
La Carotide aussi d'Arteres luy faict don
Pour leur fournir d'esprits vitaux à l'abandon:
Or entre tout cela ce qu'eust resté de vuide
Est de Glãdes remply, d'Esprits ou Graisse humide.
Mais Nature voyant qu'ils seroient en danger,
Les a voulu dehors de Paupieres anger
Pour emousser l'esclat brillant de la lumiere
Et les contregarder d'ordure & de poussiere;

Deux en haut, deux en bas, afin d'enserrer mieux,
Ces deux astres bessons, brillans & radieux,
Les infimes de soy sont du tout immobiles,
Mais les hautes tousiours sont seulettes mobiles
Et sont en vn instant haussées de l'Ouureur,
Et recloses en bas du moindre, & grand Fermeur.
Vn cartilage mol dedans chaque Paupiere
Rafermist delicat l'enclos de la visiere,
En demy-cercle faict, afin de mieux laisser
Quelque ombre de clairté par iceluy passer,
Au bord duquel les Cils sont en belle ordonnance
Rangez & affichez par certaine distance.
Et tout au bas du Front les Sourcils fastueux
Où reside l'orgueil, vice tres-monstrueux,
Sont comme vn arc ployez sur les hautes Paupieres,
Tant pour les preseruer des nuisantes matieres
Qui descendent du Front, que pour donner façon
Et orner la beauté de l'Oeillere cloyson.
Si tout ce qu'est leger tend en à mont sa course,
Et le graue & pesant contre bas la rebrousse,
Les odeurs, & les sons, & mesmement la voix,
Extremement subtils, & de tres-leger poix,
Doiuent doncques en haut eslancer leur carriere,
Et guinder en à haut leur course iournaliere:
Cela est si certain qu'on n'en doit point douter,
Puis que Nature mesme a bien voulu bouter
Leurs organes en haut, comme sont les Oreilles
De situation, & de grandeur pareilles,
Des deux costez du chef, ou mesme plan des Yeux,
Dont l'interne est dedans l'autre sur l'os Petreux,

Qui s'aduance en dehors, & cartilagineuse
Façonne gentiment sa Conque anfractueuse,
Tant pour orner le chef que pour mieux atrapper
Le son de l'air subtil qui tasche d'eschapper,
Dans son circuit on void l'Ailleron, la Serpette;
Le Cubiforme aussi, & la creuse Ruchette,
Et du costé des Yeux, le Bouc, & l'Antibouc,
Comme sous l'Ailleron, le Contre, & l'Auantbout.
L'Aureille interieure organe de l'ouye,
Par laquelle des sons nostre Ame est esiouye,
A quatre cauitez entaillées, ou trou
De chaque os Pierreux, où l'on remarque prou;
Tout de premier abord le conduit Auditoire
Tortueux, & estroit pour donner accessoire
A l'air frappé, sonnant, lequel la r'amassé,
Dans l'autre cauité, est à l'instant passé,
Qui est close deuant d'vne belle membrane
Qu'on appelle Tambour tres-seche & diaphane,
Delà laquelle sont trois petits osselets
Aussi durs aux enfans qu'aux hommes grandelets.
Deux muscles delicats, & vne mince corde,
Afin d'allier l'air qui par dehors aborde
Auec le naturel interne reserué,
Ou creux de ce Bassin où l'on a obserué
Deux beaux petits conduicts, le haut faict en oual
Au Labirinthe court, l'autre au Pallais deuale.
Les sons estans receus sont puis exagitez
Ou Labirinthe plein d'anfractuositez,
Et de là renuoyez par le trou sans issuë
Vers le nerf Auditif qui cherist leur venuë,

Et porte au sens commun les images des sons
Eslancez dedans l'air en dix mille façons :
Sous l'Oreille dehors les glandes Parotides
Reçoiuent du Cerueau les excrements humides,
En ces lieux enuoyez, pour estre soulagé
Des ennemis couuerts qui l'eussent outragé :
Il ne se trouue point sous ceste voûte ronde,
D'animaux soit en l'air, en la terre, ou en l'onde,
Que circuist tous les iours le vagabond Soleil
Qui iouyssent d'vn Nez, & Visage vermeil,
Fors que l'homme seulet : les autres pour pareure,
Ont vn bec, ou museau, geule, groing, ou hure,
Qui leur sont pour flairer & pour paistre ordõnez :
Mais l'Homme pour ces fins a la Bouche & le Nez.
Or le Nez est assis au milieu du Visage,
Afin de l'embellir, & pour donner passage
Par ses conduicts iumeaux à l'air & aux odeurs,
Au morueux excrement, & flairables vapeurs :
Il est constitué de diuerses parties
Bien delicatement conioinctes & vnies,
Pour former deux conduicts, par lesquels nous flairons,
Auec vn Entredeux, & les deux Aillerons,
Chacun des Aillerons a double Cartilage,
L'Entredeux n'en a qu'vn pour son lot & partage,
Attachez aux trois os, dont l'vn sert d'entredeux,
Les autres sont dehors, tous ioincts à l'os Cribleux
Sur lequel sont assis les procés Mammilaires,
Organes du flairer en ces lieux necessaires :
Le bout du Nez mollet, qu'en mouchant nous tirons,
Eslargist ces conduicts lors que nous expirons

Par deux muſcles petits, puis par vn autre couple,
Il reſſerre en flairant ſon extremité ſouple,
Quelques petits rameaux de nerfs du tiers couplet
Sont ſemez tout du long de ſon angle ſouplet ;
Des iugulaires part la veine Leonine
Qui par tout luy depart ſa liqueur purpurine,
La Carotide auſsi de ſes rameaux pouſſans
D'vn courage Royal luy donne des preſens.
Le Nez eſt reueſtu dedans d'vne tunique
Dure, pleine de poil, & non par trop lubrique.
La Bouche ſous le Nez à deux fort beaux remparts
De corail eſmaillez, & qui de toutes parts
Excedent le beau teint, & la riante mine
De Diane, Phœbus, & meſme de Cyprine,
Et qui ſont par dehors aux maſles heriſſez
De mouſtaches en haut, & de poils tapiſſez:
Le rempart de deſſus par l'Oiſſellier s'agite
Et ſe meut en à mont l'Abaiſſeur bas le jette
De tous les deux coſtez: mais pour l'Inferieur
Vn muſcle Long, vn Court, vn Ouvreur, vn Fermeur,
Le rond Buccinateur entoure de la ioue
Ce qui paroiſt enflé quand de trompette on ioue.
Ouvrant la Bouche on void les Genciues, les Dents,
La Langue & le Pallais, qui ſont cachez dedans.
Es Genciues les Dents ſont par ordre nichees,
Et chacun en ſon trou dextrement affichées:
Plus outre eſt le Pallais, qui deſſus eſt oſſeux,
Et en bas on le void charneux & membraneux:
En ſon extremité la petite Luette,
Derriere ſes deux trous demande ſon aſsiette,

Soit pour temperer l'air qui entre & qui ressort
Du NeZ par ces deux trous dessous son passe-port,
Que pour ayder la voix renforçant la parole,
Qui sans elle dans l'air en nasillant s'envole.
Le Nautonnier qui sçait bien l'art de nauiger,
Et dessus l'Occean sans crainte voltiger,
Destourne à son plaisir de son vaisseau la course,
Soit vers le chaud Midy, ou deuers la froide Ourse,
Ou perleux Orient, selon son appetit,
Moyennant la faueur d'vn timon fort petit:
La Langue, petit corps, aussi nous represente
De l'Ame le vouloir, d'vne voix eloquente,
Par elle l'Homme peut dire ses passions,
Exprimer ses desirs & ses conceptions,
Benir son Createur à la façon des Anges,
L'honorant iour & nuict de diuines louanges:
Mais comme vn petit feu consume vne forest,
Auant, helas! auant que l'on sçache que c'est,
Et qu'on puisse acoiser sa flamme deuorante,
En mitigant par l'eau sa fureur parcourante.
Ainsi la langue helas! qui par quelque mal-heur
Enuie, mal-talent, par rancune, ou fureur,
Tasche de celuy-cy, & celuy-là mesdire,
Et le renom d'autruy par ses bourdes destruire,
En tenant tantost l'vn, tantost l'autre au cherquois,
Et sans discretion deux ou trois à la fois,
,, Est pire mille fois que le coup d'vne lance,
,, Qui guerist quelquefois si deuëment on le panse:
Et c'est pour ce subiect & pour ceste raison
Qu'elle est close deuant d'vne double cloison:

,, L'Homme sage tousiours pourpense & delibere
,, Six fois en son esprit ce qu'il dict & profere.
La Langue outre cela distingue les saueurs,
Discerne l'aigre-doux d'auecque les douceurs,
L'insipide, l'amer, l'acerbe, & le pontique,
Par le moyen des nerfs diffus en la Tunique
Qui reuestist son corps, formé de propre chair,
Sans fibres, fort glissant & mollasse au toucher,
Entretenu du sang des veines & arteres
Rainales, qui luy sont de ce faict tributaires:
Dix muscles renommez la font auant-aller,
De tous les deux costez, & en bas deualler,
Tant pour former la voix, que tourner la viande,
Et lier l'aliment qui s'escarte & desbande,
Et qui dans l'estomach, apres estre masché,
Est sans distinction pesle-mesle ensaché,
Vn fort beau Ligament dessous sa base humide
Renforcé du Filet, la range sous sa bride,
De peur de gressayer, begayer, bredouïller,
Ou parler sans raison, & tousiours gazouïller.
Au costé du destroit les deux glandes Tonsiles
Arrousent le gosier d'humiditez vtiles
Pour faire couler bas, comme dedans vn sac,
L'aliment remasché qui chet en l'Estomach.

FLEVRON VII.

DES EXTREMITEZ.

SI l'arbre renuersé sans branchage & racine,
N'a d'arbre la façon, ny figure, ny mine,
Bien qu'il ait apporté de bon fruict autre fois,
Si n'est-il reputé que pour vn tronc de bois,
On ne le conte plus pour arbre ny pour plante,
Encore que ce soit le bois d'vne ieune ente:
A plus forte raison le tronc du corps humain
Priué d'ExtremiteZ tout à pur & à plein,
Ne doit estre appellé vray corps, ains vne souche,
Qui faict peur aux enfans, & qui les effarouche,
Espouuentez de voir vn tronc prodigieux,
De quelque mal futur souuent presagieux:
,, Car on n'a iamais veu ne prodige, ne monstre,
,, Qui ne feust talonné de quelque mal-encontre
,, Et qui ne nous predist par fatale terreur,
,, Vn sinistre accident, ou desastré mal-heur:
Mais il n'arriuera pas de mille fois l'vne
Que Nature en tels troncs se demonstre importune,
,, Puis qu'elle tend tousiours de rendre ses effects,
,, S'il est en son pouuoir, vtiles & parfaicts.
Elle donne deux bras & deux mains pour bien prendre,
Et sur les qualitez maniables s'estendre,

Deux jambes & deux pieds, afin de cheminer,
Baller, grauir, sauter & de peregriner.
Je sçay bien qu'en ce lieu toutes simples parties,
Desquelles sont les Bras & les Iambes basties,
Comme Arteres, & Nerfs, Veines, Muscles, & Os
Se deuroient traicter: mais il n'est à propos,
Car i'ennuyrois par trop l'oreille beneuole,
Redisant maintes fois vne mesme parole,
Puisque i'en ay tissu le fidelle discours
Cy-deuant & à part pour y auoir recours
Dans le liure premier: quant est de leur figure,
On la cognoist à l'Oeil: Reste donc la structure,
Et bel agencement des membres limitez,
Bien bornez, & compris sous les extremitez,
Mais pour bien remarquer comme elle se peut faire,
Voyez la section artiste & oculaire,
Où ie vous renuoiray: car c'est là que l'on void
Tels membres diuiser & à l'œil & au doigt.
Tout au bout des cinq Doigts partie exterieure,
Les Ongles tāt aux pieds, qu'aux mains seruēt d'armeure,
Produicte d'vne part de grossier excrement
En ces lieux enuoyé perpetuellement,
De la digestion qu'on appelle derniere,
Pour croistre seulement d'vne longue maniere.
De peur d'atedier le Lecteur curieux,
De propos embrouillez, de discours ennuyeux,
En vain ie n'ay voulu m'amuser à deduire,
Reciter, enarrer, & en public produire,
D'vn vers mal agencé, mal sonnant, mal limé,
Mau-plaisant, raboteux, sans sens, & mal rimé,

Tous les noms des endroicts de la surface externe,
De tout le corps humain, puisque cela concerne
L'inspection plustost que non pas le discours,
Pour en estre esclaircis ayez y donc recours:
Car le prouerbe dict, qu'vn tesmoin oculaire
Est beaucoup plus certain que non l'auriculaire.

ACTION DE GRACES A Dieu.

ARchitecte des Cieux qui par vostre parole,
De rien auez tout faict, de l'vn à l'autre pole:
Et qui par grand amour auez sainctement faict,
Et d'argile moullé l'homme à vostre pourtraict:
Quelle langue pourroit, feust-ce celle d'vn Ange,
Deuëment vous honorer de condigne louange?
Je sçay bien qu'on ne peut en ce terrestre lieu
Assez bien celebrer l'honneur digne d'vn Dieu.
Neantmoins, ô Seigneur, puisque par vostre grace,
J'ay tracé le dessein de nostre humaine Race,
Et par vostre moyen i'ay dedans & dehors
Fueilleté les cayers de tous membres du corps:
Je serois trop ingrat si pour tel benefice
Je ne vous presentois mon cœur en sacrifice,
L'immolant à vos pieds; rien de plus precieux
Ie ne puis vous offrir qu'vn cœur d'vn cœur ioyeux.
Mere du Redempteur, & tousiours Vierge saincte,
La memoire de moy en vous ne soit estaincte:

El[illegible]
a iables s'e endre,

Et de tous Gerberons ayez le ſouuenir
Tant au moment preſent, qu'au grand iour à venir.
Et vous tres-ſaincts Martirs nos patrons tutelaires
Vers tous Chirurgiens monſtrez-vous debonnaires :
Et ne permettez pas que ma fragile main
Puiſſe errer operant deſſus le corps humain.

FIN.

EXTRAICT DU PRIVILEGE du Roy.

PAR grace & Priuilege du Roy, il est permis à Gabriel Gerberon, Maistre Chirurgien en la ville de Sainct Callais, pays de Vendosmois, de faire imprimer à qui bon luy semblera, vn Liure intitulé *Le Bouquet Anatomique, &c.* Et deffences sont faictes à tous Imprimeurs, Libraires, & autres, d'imprimer ou faire imprimer ledit Liure, sans l'exprés consentement dudit Gerberon, & ce, durant le terme de six ans, à compter du iour que l'impression en sera paracheuée, à peine de trois cens liures d'amende, & confiscation des exemplaires, ainsi qu'il est plus amplement contenu és lettres de Priuilege. Données à Paris le septiesme iour de Mars 1626.

Signé, THOMASSIN.

Et a ledit Gerberon permis à Pierre Ramier, maistre Imprimeur en la ville de Paris, d'imprimer & vendre ledit liure, pour ledit terme cy-dessus mentionné.

www.ingramcontent.com/pod-product-compliance
Ingram Content Group UK Ltd.
Pitfield, Milton Keynes, MK11 3LW, UK
UKHW021113200726
13857UKWH00003B/1219

9 782011 945624